LAST DIAMONDS

FRANCESCO BOSSO

LAST DIAMONDS

Prefazione di | Foreword by
Filippo Maggia

SKIRA

Copertina / Cover
Diamond #4, Greenland, 2015

Concept
Prezioso / Bosso

Art Director
Marcello Francone

Design
Luigi Fiore

Coordinamento redazionale
Editorial Coordination
Eva Vanzella

Redazione / Copyeditor
Emily Ligniti

Traduzione / Translation
Paul Metcalfe per/on behalf of *Scriptum*, Roma

Image Processing
Vito Armenise

First published in Italy in 2017 by
Skira editore S.p.A.
Palazzo Casati Stampa
via Torino 61
20123 Milano
Italy
www.skira.net

Printed and bound in Italy. First edition

ISBN: 978-88-572-3672-8

Finito di stampare
nel mese di ottobre 2017
a cura di Skira editore, Milano
Printed in Italy

Sommario | Contents

Il colore della luce

Filippo Maggia

Nell'osservare la ricerca fotografica di Francesco Bosso, la molteplicità dei luoghi esplorati indurrebbe a classificarlo come un fotografo viaggiatore moderno, dedito però non tanto a descrivere l'originalità e, in alcuni casi eclatanti, l'unicità di paesaggi lontani ed esotici – come usavano fare i fotografi viaggiatori dell'Ottocento – quanto la loro statuaria e quasi indifferente esistenza, resa maestosa e sontuosa dalla raffinatezza delle sue immagini.
A differenza di Felice Beato o del britannico Samuel Bourne, dello scozzese James Valentine o dell'alpinista, esploratore e fotografo biellese Vittorio Sella – alcuni degli autori che a cavallo fra il XIX e il XX secolo, indomiti, percorsero gran parte del pianeta svelando paesi e genti sino ad allora sconosciuti – Bosso non rivela né celebra, e tanto meno la sua è un'indagine per immagini di carattere documentaristico. Non c'è racconto, non ci sono personaggi né situazioni, di fatto non c'è un inizio e neppure una fine. La narrazione scorre fluida e compatta come un fiume ingrossato dalle piogge giunto in prossimità del suo estuario.
La pratica fotografica dell'autore pugliese è lineare, assomiglia più alla classica attività del ricercatore scientifico, avvezzo a sviluppare attorno a un progetto originale un metodo di lavoro che di esperienza in esperienza perfeziona e affina per arrivare a un risultato ogni volta più accurato ed elaborato. Assomiglia, perché in realtà, nel tempo, negli anni, questa ricerca – che sarebbe ingiusto e diminutivo qualificare come raccolta di paesaggi, per quanto dalla Tunisia si spinga verso la Thailandia, il Giappone, la Cina, sino all'Islanda, dopo California, Svizzera, Italia e altri paesi ancora – è divenuta quasi un'ossessione, regolata però da un'attenta disciplina professionale che trova nel rigore estetico dell'opera la sua concreta manifestazione.
Ecco perché la riconoscibilità dei luoghi, la loro determinazione geografica poco significano e contribuiscono alla comprensione di un lavoro che va letto come un unico insieme ove luce e ricerca formale sono le vere chiavi di interpretazione.
L'utilizzo sapiente e consapevole della luce riveste un ruolo fondamentale nella fotografia di Bosso. Non a caso del resto: dopo la natura, suo campo d'indagine per eccellenza, è probabilmente questo l'altro elemento che più avvicina stilisticamente il fotografo italiano alla scuola americana della West Coast da lui frequentata, quella che riconosce in Ansel Adams, Edward e Brett Weston, Frederick Sommer, Minor White, Paul Caponigro e altri ancora i maestri nell'interpretazione dei grandi spazi, delle ultime frontiere, ma anche dei particolari e dei dettagli che trasformano ciò che la natura mostra in altro che noi crediamo o forse vogliamo vedere e riconoscere.
Illuminare il mondo vuol dire, per un fotografo, specificare qualcosa di esso, metterlo in luce appunto, non solo metaforicamente.
Attraverso la luce se ne determinano i volumi, e i volumi in uno spazio circoscritto, che è quello dell'immagine che il fotografo va costruendo in fase di ripresa, concorrono a definire una forma.
Le figurazioni di Bosso sono in gran parte ammantate di bianco, di un "colore" bianco sovente abbagliante, eppure sempre controllato. Proprio attraverso il dosaggio della luce, e quindi la modulazione

del bianco nelle sue differenti gradazioni e il successivo assemblaggio di queste in fase di stampa, Bosso conferisce vita alle forme che incontra senza snaturarle, piuttosto sottolineandone la loro plastica grandezza.
Non c'è dunque desiderio o addirittura volontà di rivelare altro da ciò che vediamo, quanto la certificazione dell'esistenza di un luogo e della sua sorprendente bellezza, la celebrazione di una creazione naturale che il fotografo vuole rendere imperitura.
Prima della visione è la realtà a venire asserita.
L'ultima serie di opere realizzata da Bosso, dal titolo insinuante e provocatorio *Last Diamonds*, è, in tal senso, felice e compiuta esemplificazione.
La galleria di iceberg galleggianti che si abbandonano alle correnti su un mare piatto e impassibile, frammenti più o meno voluminosi di ghiacciai che vanno liquefacendosi, sono fragili sculture rese nobili dal loro drammatico e solitario peregrinare. Bosso le immortala – per quanti giorni possa resistere un iceberg è comunque destinato a scomparire –, magnificandone l'eleganza leggera e trasparente, conferendo a queste forme così imprevedibili e cangianti un'anima. Quasi fosse questa a renderle vive, a permettere loro di navigare nell'oceano, vivificandole.
Il bianco esaltato dal fotografo riveste qui un doppio ruolo: specifica e distingue questi isolotti galleggianti dal mare e dal cielo e, al contempo, la luce sprigionata dall'iceberg diviene essa medesima tangibile, forma compiuta, soggetto e non più artifizio complementare nella costruzione estetica di un'immagine. Ecco perché, pur simili, queste sculture di ghiaccio sono tutte diverse l'una dall'altra per intensità, uniche e irripetibili.
Se la natura è il territorio di azione del fotografo, non è solo natura quella che Bosso restituisce attraverso le sue immagini.
Come si è detto, la fissazione dello sguardo dell'autore, la sua determinazione, fra i ghiacci come a latitudini tropicali, è figlia di una sana ossessione che ha nell'attesa la sua strategia operativa, e l'attesa per un fotografo è riflessione, ponderatezza che lentamente si evolve in composizione, attimo dopo attimo.
Misurare la luce e la sua incidenza su una superficie riflettente e monocromatica come quella della neve necessita una padronanza del mezzo che non può derivare da altro se non dall'esperienza. Guardando le stampe originali di questo lavoro, lentamente sembra emergere il diamante in esse contenuto, intriso di un'energia che una sapiente stampa regola e sublima.
Fotografo atipico nel panorama italiano, Francesco Bosso appartiene a quella categoria di autori che ancora credono in una fotografia pura, silenziosa, per certi versi quasi eroica, volta a rappresentare il paesaggio per ciò che esso è nella sua semplice e primitiva nitidezza, ben oltre e ben più profondamente di quanto molte volte oggi appare, fra i milioni di scatti che il mondo della comunicazione produce e diffonde senza pausa.

The Colour of the Light

Filippo Maggia

If you examine Francesco Bosso's photographic research, the many places he has explored would lead you to define him as a modern travel photographer. However, he is not so much interested in describing the originality and—in some striking cases—the uniqueness of faraway exotic places, like the travel photographers of the nineteenth century, but rather in showing their statuesque and almost indifferent appearance, rendered majestic and sumptuous by his refined his images.

Bosso does not reveal or celebrate anything and he does not conduct a documentary enquiry, unlike Felice Beato, the British photographer Samuel Bourne, the Scot James Valentine or the mountaineer, explorer and photographer from Biella, Vittorio Sella. These are some of the intrepid figures who, at the turn of the twentieth century, travelled the length and breadth of the planet revealing to the general public previously unknown countries and peoples. There is no story, no characters or situations, and in fact no beginning or ending. The narration flows strongly like a rain-swollen river nearing its estuary. This photographer from Puglia adopts a linear approach, more like that of a scientific researcher, who develops for an original project a working method, which he hones from experiment to experiment and perfects so that each result is more accurate and elaborate than the last. It resembles this because, in actual fact, over the years Bosso's research—which it would be wrong and belittling to describe merely as a collection of landscapes, though it ranges from Tunisia to Thailand, Japan, China and as far as Iceland, but also California, Switzerland, Italy and other countries—has become almost an obsession, governed, however, by strict professional discipline, which is evident in the aesthetic rigour of his work. This is why the recognisability of the places and their precise geographical location count for little and contribute little to the understanding of a work that is to be read as a single whole, in which light and formal research are the real keys to interpretation.

The skilful and calculated use of light plays a vital role in Bosso's photography. This is not merely by chance and is probably his main field of research after nature. It is also in this that the Italian photographer stylistically most resembles the West Coast American school he frequented, which included Ansel Adams, Edward and Brett Weston, Frederick Sommer, Minor White, Paul Caponigro and other masters of wide open spaces and last frontiers, but also of those details that transform what nature displays into something else that we believe we see and recognize, or perhaps simply want to.

For a photographer, illuminating the world means specifying something about it, highlighting it, not only metaphorically.

Volumes are determined though light, and the volumes in a circumscribed space, which is that of the image the photographer constructs during the stages of shooting, combine to define a form. Bosso's images are mostly cloaked in white, a white "colour" that is often dazzling, yet always controlled. It is precisely through his dosage of light, and hence the modulation of white in its different gradations and the subsequent combination of these during printing, that Bosso brings to life the forms he encounters without making them unnatural, but rather by underlining their sculptural grandeur.

There is therefore no desire to reveal anything other than what we see, but to certify the existence of a place and its astonishing beauty, to celebrate a natural creation that the photographer wants to render eternal.
It is reality rather than vision that is asserted.
Bosso's latest series of photographs, with the insinuating and provoking title *Last Diamonds*, is a successful and accomplished example of this.
The gallery of floating icebergs at the mercy of the currents on a flat impassive sea, chunks of melting glaciers of various sizes, are fragile sculptures rendered noble by their dramatic and solitary wanderings. Bosso immortalizes them—however many days an iceberg may survive it is destined to disappear—by intensifying their light transparent elegance, by giving these unpredictable, ever-changing forms a soul. Almost as if this is what brings them to life and enables them to sail the ocean.
The white heightened by the photographer plays a dual role; it distinguishes these small floating islands from the sea and sky while, at the same time, the light radiated by the iceberg becomes a tangible complete form, the subject and no longer a complementary device in the aesthetic construction of the image. This is why, though similar, these ice sculptures are all different in intensity, unique and unrepeatable.
While nature is Bosso's chosen field of action, nature is not the only thing he renders in his images. As has been said, this photographer's fixed gaze, his determination both when among glaciers and in tropical climes, is the result of a healthy obsession. His modus operandi consists in waiting.
For a photographer, waiting is reflection and consideration, which develops slowly second by second in the composition.
Measuring light and its incidence on a reflective monochrome surface like snow demands a mastery of the medium that only comes with experience. Looking at the original prints of this series, the diamond they contain slowly seems to emerge, suffused with the energy that skilful printing modulates and sublimates.
Francesco Bosso is an atypical figure on the Italian photography scene. He is one of those photographers who still believes in pure, silent and, in some respects, almost heroic photography. The kind that aims to represent the landscape in all its simple, primitive clarity, over and above and far more profoundly than it very often appears today, in the millions of shots that the media constantly produces and circulates non-stop.

Un disastro silenzioso

Luca Mercalli*

L'Artico è ancora oggi un luogo remoto, lontano dalle cronache dei media e dagli interessi di gran parte dei cittadini del mondo. Le notizie che lo riguardano circolano solo tra i ricercatori e le popolazioni locali delle nazioni boreali e raramente filtrano più a sud. Così nessuno fa caso al fatto che mentre scrivo, ai primi di settembre 2016, la superficie della banchisa è prossima a toccare il secondo record storico negativo dopo quello del 2012, con un ammanco di circa due milioni di chilometri quadrati, praticamente tre volte l'estensione della Francia. E non riscuote interesse nemmeno il fatto che la superficie glaciale della Groenlandia, durante l'estate appena conclusa, sia stata sottoposta a fusione in percentuale molto superiore alla media, che i suoi ghiacciai che scendono verso l'oceano accelerino drasticamente il loro ritiro e che il 9 giugno 2016 a Nuuk si sia registrata una temperatura di 23,9 °C, la più elevata in tutta la Groenlandia per il mese di giugno.
Sono sintomi di un disastro silenzioso, di un grave malanno del clima terrestre. Il riscaldamento globale – come previsto da decenni – ha effetti più rapidi alle alte latitudini boreali rispetto ad altre zone, un fenomeno noto come "amplificazione artica" dovuto al cambiamento di riflettività della radiazione solare: il ghiaccio è bianco, e riflette l'85 per cento circa dell'energia solare verso lo spazio; il mare è scuro e ne riflette meno del 10 per cento, pertanto si riscalda molto più rapidamente e porta alla fusione di nuovo ghiaccio. Se l'immensa quantità di ghiaccio presente sull'inlandsis groenlandese fondesse, i mari del mondo crescerebbero di circa sette metri: allora sì che tutti sarebbero costretti a prendere atto dell'importanza di quelle remote e inospitali regioni glaciali, perché l'acqua irromperebbe nelle nostre vite tanto a Venezia come a Manhattan! Già oggi gli oceani stanno crescendo di oltre 3 mm all'anno, con un prevalente contributo proprio dai ghiacci della Groenlandia.
È dunque per raccontare questo silenzioso disastro climatico che Francesco Bosso si è recato a Ilulissat, nei pressi del ghiacciaio Sermeq Kujalleq, più noto come ghiacciaio Jakobshavn.
Non si può restare indifferenti di fronte a questo gigantesco fiume di ghiaccio galleggiante: una fronte larga alcuni chilometri che occupa un fiordo, immergendosi per ben 1300 metri sotto il livello del mare. Da qui si staccano continuamente poderosi iceberg, il 10 per cento di tutti quelli originati dalla Groenlandia. Un gigante impazzito che, a causa della lubrificazione del suo letto roccioso da parte delle acque di fusione e del riscaldamento dell'oceano, scorre a più di 7 km per anno autodistruggendosi nelle acque marine: l'arretramento totale è dell'ordine di 50 km dal 1850, con una forte accelerazione

in tempi recenti. Si calcola che dal 2000 al 2011 il ghiacciaio Jakobshavn da solo abbia contribuito a 1 mm di innalzamento dei mari globali. La scelta del bianco e nero da parte di Bosso è quanto mai appropriata: sono questi i toni dominanti di quei territori, soprattutto quando i cieli sono nuvolosi, bianco del ghiaccio e nero della superficie marina, ma sono anche non-colori che mirano all'essenziale, che non lasciano spazio ad autocompiacimenti, comunicano solo la concretezza della realtà, il senso di desolazione che aleggia tra quegli "ultimi diamanti" di ghiaccio destinati a scomparire per effetto delle attività umane nell'epoca geologica ormai ratificata come "Antropocene". Capire il riscaldamento globale per molte persone freneticamente inchiodate ai ritmi urbani è difficile. Ci auguriamo che le nitide immagini di Bosso, messaggere artiche, portino anche nelle nostre città un momento di silenzio e di riflessione sulle sorti del mondo e un conseguente impegno verso la svolta ecologica.

*Presidente della Società meteorologica italiana

A Silent Disaster

Luca Mercalli*

Today the Arctic is still a remote place, far removed from media reports and the interests of most of the world's citizens. News about it only circulates among researchers and the local populations of the boreal nations and rarely filters further south. So no one shows any concern about the fact that, as I am writing—at the beginning of September 2016—the surface of the ice is about to reach a second record low after that of 2012, with a loss of around two million square kilometres, practically three times the area of France. Nor is there any interest shown in the fact that this summer a far higher than average percentage of Greenland's ice sheet melted and its glaciers that descend towards the ocean are retreating increasingly fast. On 9 June 2016 a temperature of 23.9° C was recorded in Nuuk, the highest in the whole of Greenland for the month of June.

These are the symptoms of a silent disaster, of a serious disease of the world's climate.

Global warming—as has been forecast for decades—has more rapid effects in the boreal high latitudes compared with other areas, a phenomenon known as "arctic amplification", due to the change in the reflection of solar radiation. The ice is white and reflects around 85% of solar energy back into space while the sea is dark and it reflects less than 10%, so it warms up more rapidly and leads to the melting of more ice. If the vast sheet of ice that is the Greenland *inlandsis* melted, the seas in the world would rise by about seven metres. Then everyone would be forced to sit up and take note of the importance of those remote and inhospitable icy regions, because water would burst into their lives in Venice as well as Manhattan! Already today the oceans are rising by over 3 millimetres a year, with Greenland's glaciers making the biggest contribution.

Francesco Bosso went to Ilulissat, near the Jacobshavn Glacier, also known by its local name Sermeq Kujalleq, precisely to recount this silent climate disaster. You cannot fail to be moved by this huge river of floating ice with a front several kilometres wide that takes up a whole fjord and extends 1,300 metres below sea level. Massive icebergs constantly break away from this glacier comprising 10% of all those originating in Greenland. Because its rocky bed was flooded with melt waters caused by ocean warming, this crazy giant moves over 7 kilometres a year, self-destructing in the sea waters. It has actually retreated around 50 kilometres since 1850, and the process has greatly accelerated in recent years. It has been calculated that the Jacobshavn Glacier alone has caused the seas of the world to rise by 1 millimetre from 2000 to 2011.

Bosso's choice of black and white for his photographs is most appropriate. They are the dominant tones in those places, especially when skies are overcast, the white of the ice and the black surface of the sea. They are also non-colours that aim for the essential, that do not leave any room for self-indulgence. They only communicate the concrete reality, the sense of desolation hovering between those "last diamonds" of ice destined to disappear as a result of human activity in the geological era now officially known as the Anthropocene. Understanding global warming is difficult for many people fixed in their urban routine. We hope that Bosso's stark images, his messengers from the Arctic, will bring to our cities a moment of silent reflection on the fate of the world and a consequent commitment towards ecological change.

*President of the Italian Meteorological Society

Last Diamonds

Francesco Bosso

Il medium fotografico agevola il mio desiderio di comunicare, diffondere e condividere un'etica di protezione e conservazione delle spettacolarità naturali che siamo ormai disabituati a guardare, dimenticando totalmente che il contatto con la natura è l'unico legame dell'uomo con le sue origini.
Viaggiando ai confini dell'Artico ho raccolto forti emozioni, la fluidità di un simile paesaggio naturale è sconvolgente, se ne percepisce immediatamente la fragilità e soprattutto si tocca con mano il disastro in corso.
Sebbene l'Artico sia tanto lontano, in realtà rappresenta il termometro della terra, è importante prendere in seria considerazione ciò che sta avvenendo a causa del riscaldamento globale. Una drammatica bellezza si cela dietro questi giganteschi "frantumi" di ghiacciai che si stanno fluidificando più velocemente del previsto dal 2012. Il *global warming* sta letteralmente divorando i ghiacciai della terra.
Avvolto da un oceano di ghiaccio, il mio percorso è giunto alle coste della Groenlandia dove lo spettacolo di un paesaggio primordiale mi ha totalmente catturato. Una visione in cui la natura mostra se stessa indipendentemente dal luogo e dal tempo.
Nel caso degli iceberg invece il tempo è un elemento chiave che non si può ignorare. Iceberg ormai sempre più rari e preziosi, gioielli della natura a rischio di estinzione, hanno una vita breve, a volte solo poche settimane, eppure si mostrano fieri come montagne rocciose. Inesorabilmente il vento e il mare ne scolpiscono le pareti creando figure mutevoli senza sosta.
Di fronte a esse ho percepito forte il richiamo della natura che invia messaggi attraverso queste forme uniche e irripetibili.

Last Diamonds

Francesco Bosso

The photographic medium makes it easier for me to communicate, spread and share an ethics of protection and conservation of natural phenomena that we have lost the habit of looking at, since we have completely forgotten that contact with nature is man's only link to his origins.
While travelling to the edge of the Arctic I experienced strong emotions. The fluidity of the natural landscape is disturbing. You immediately perceive its fragility and above all you can actually observe the disaster underway.
Though the Arctic is so far away, it acts as a thermometer for the earth. It is important to take into serious consideration what is happening because of global warming. A dramatic beauty lies hidden behind these huge "fragments" of glaciers that have been melting more rapidly than forecast since 2012. Global warming is literally devouring the earth's glaciers.
Surrounded by an ocean of ice my route led me to the coasts of Greenland where I was utterly stunned by the spectacle of a primordial landscape. A vision of nature laid bare regardless of time and place.
However, in the case of the icebergs time is a key element that cannot be ignored. Icebergs have now become increasingly rare and precious, gems of nature in danger of extinction. Their life is short, sometimes only a few weeks, yet they look as majestic as rocky mountains. Inexorably the wind and sea carve their walls, constantly creating ever-changing figures.
Seeing them I experienced nature in the raw that sends messages through these absolutely unique forms.

PLATES

Diamond #2, Greenland, 2015

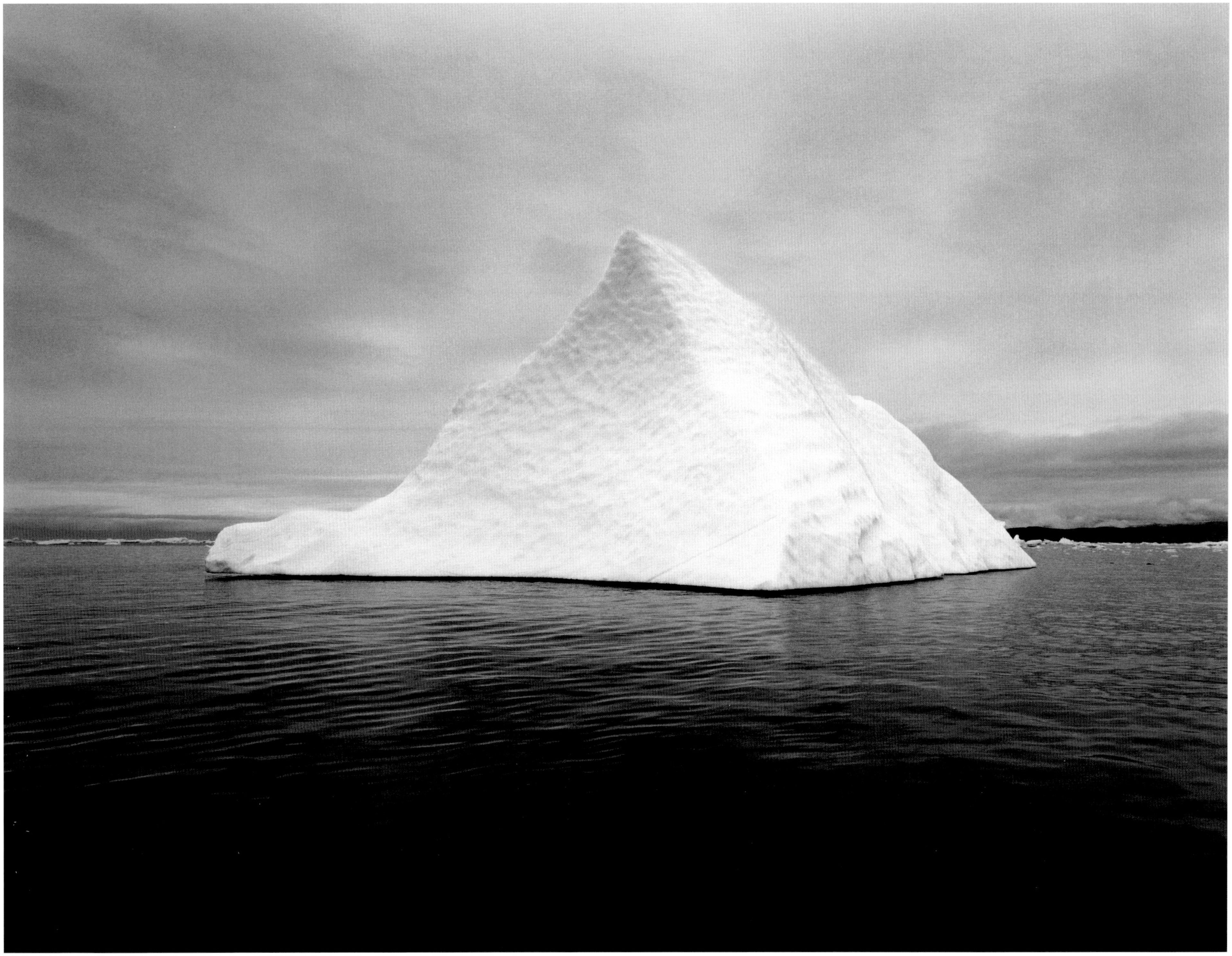

Diamond #3, Greenland, 2015

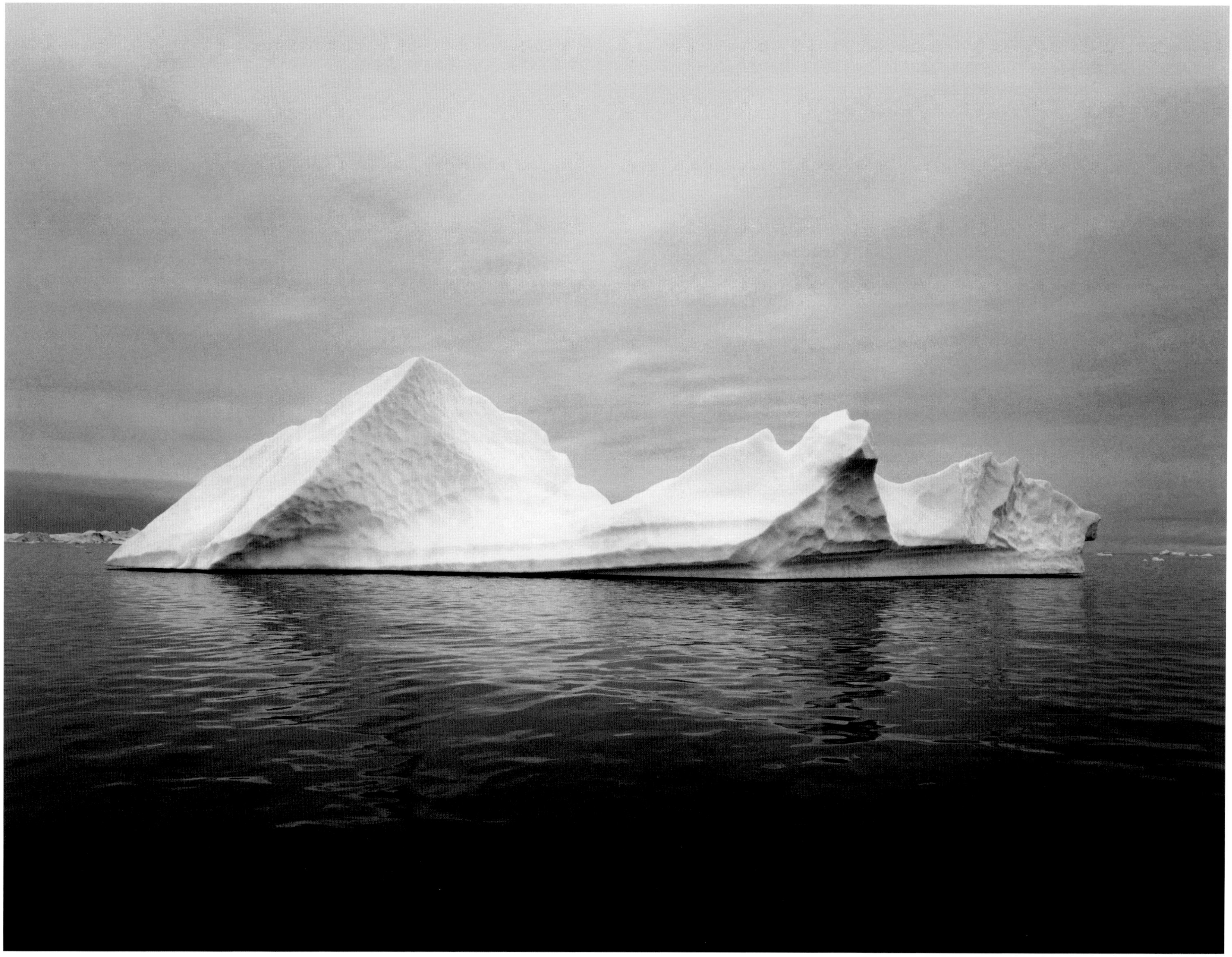

Diamond #4, Greenland, 2015

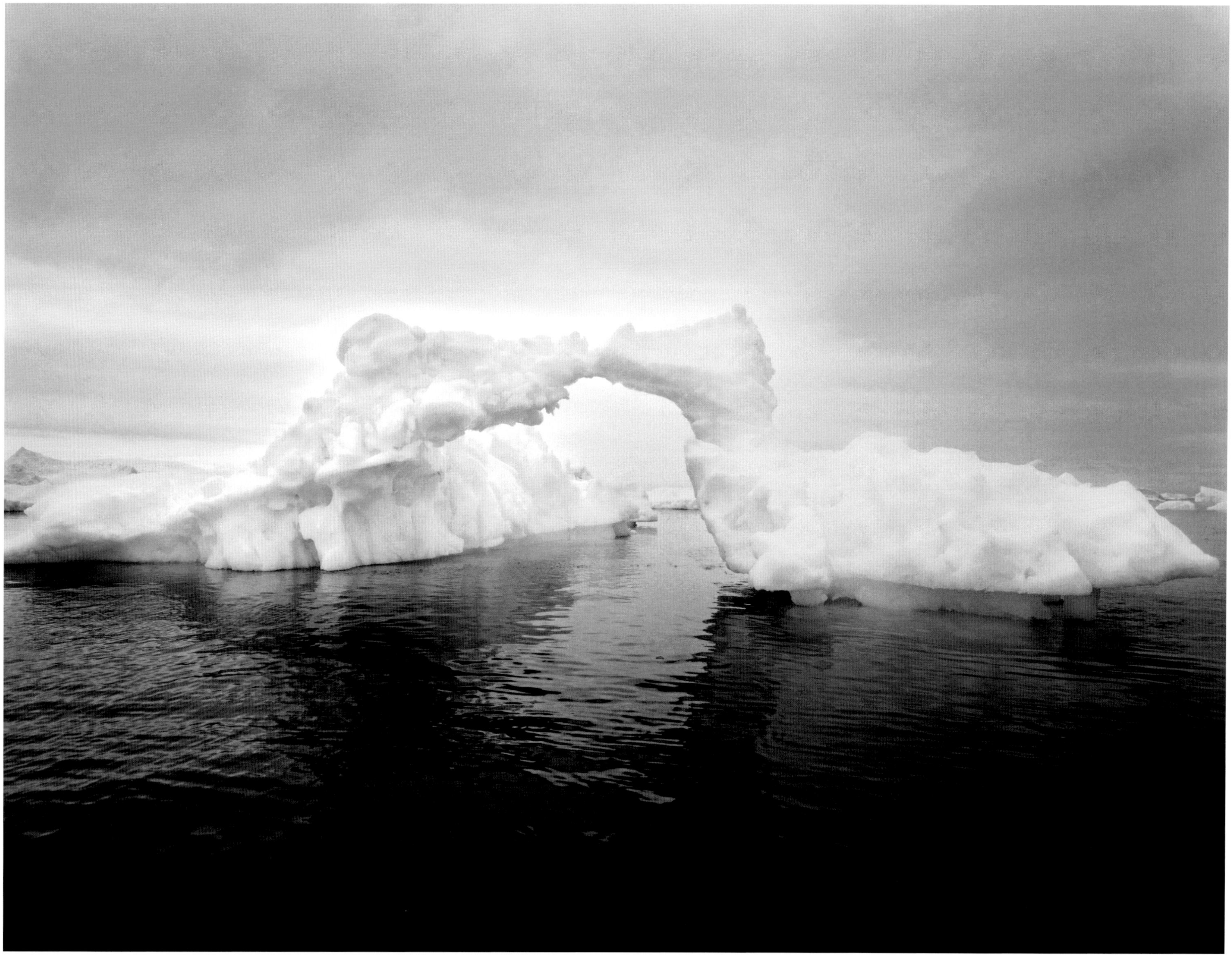

Diamond #5, Greenland, 2015

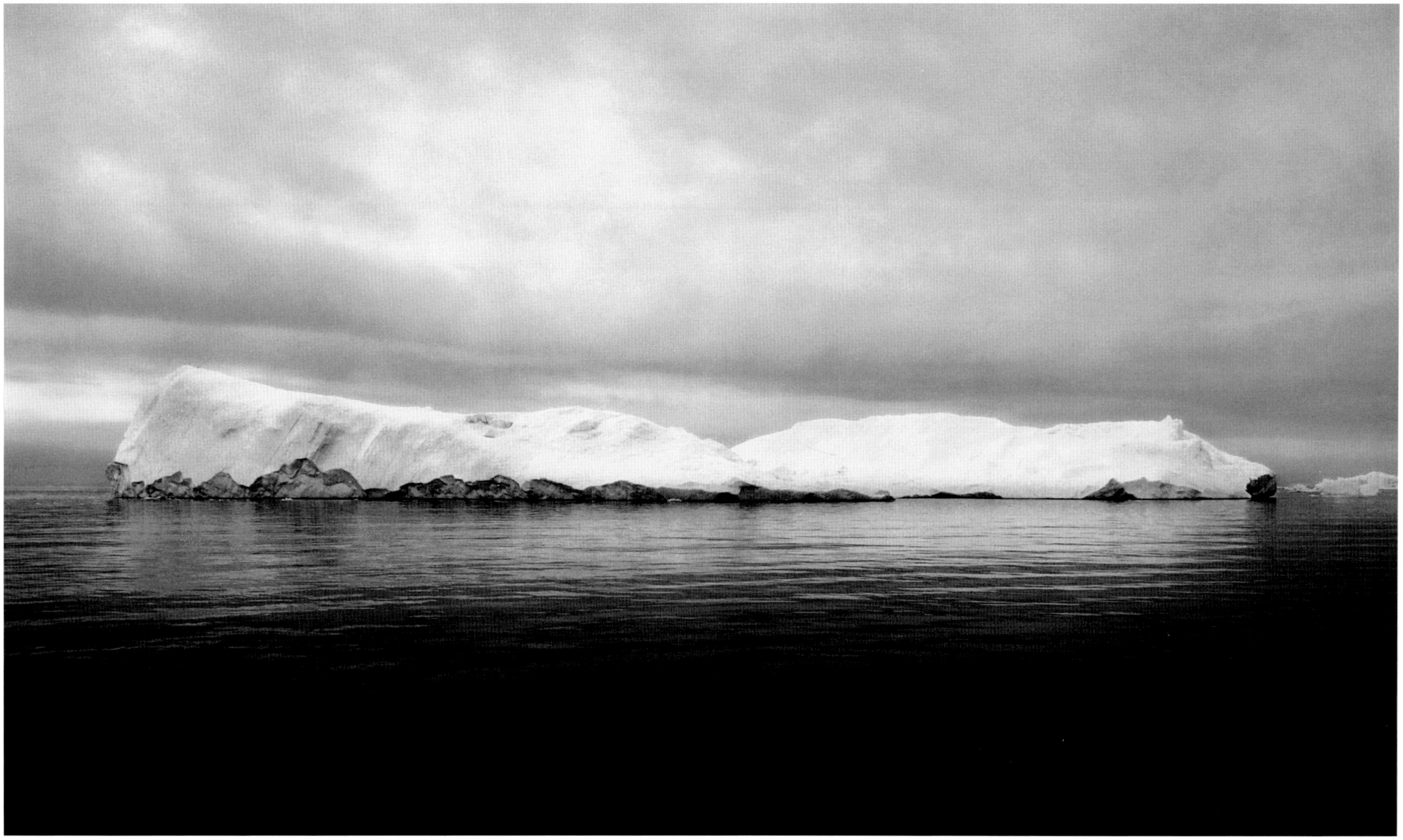

Diamond #6, Greenland, 2015

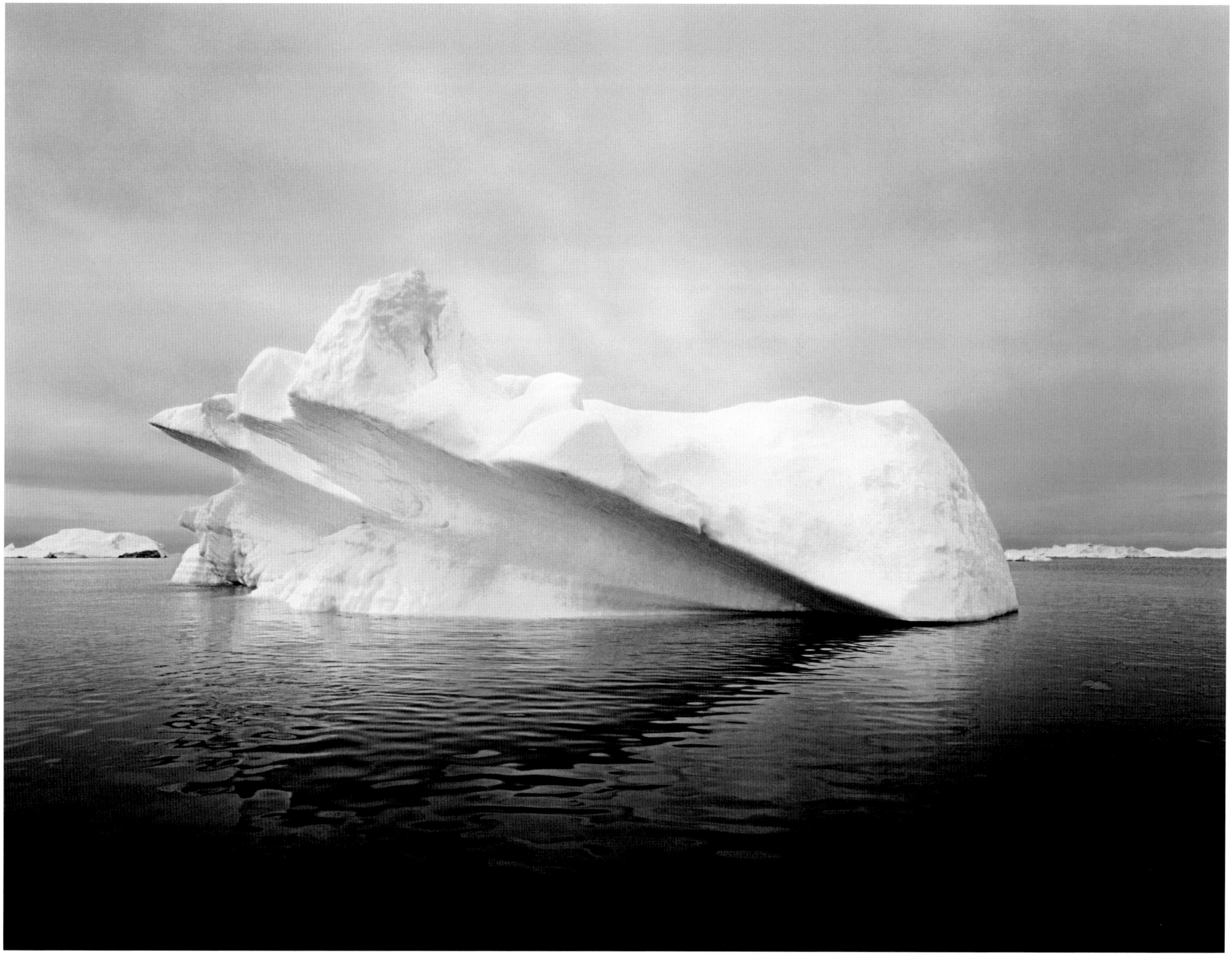

Diamond #7, Greenland, 2015

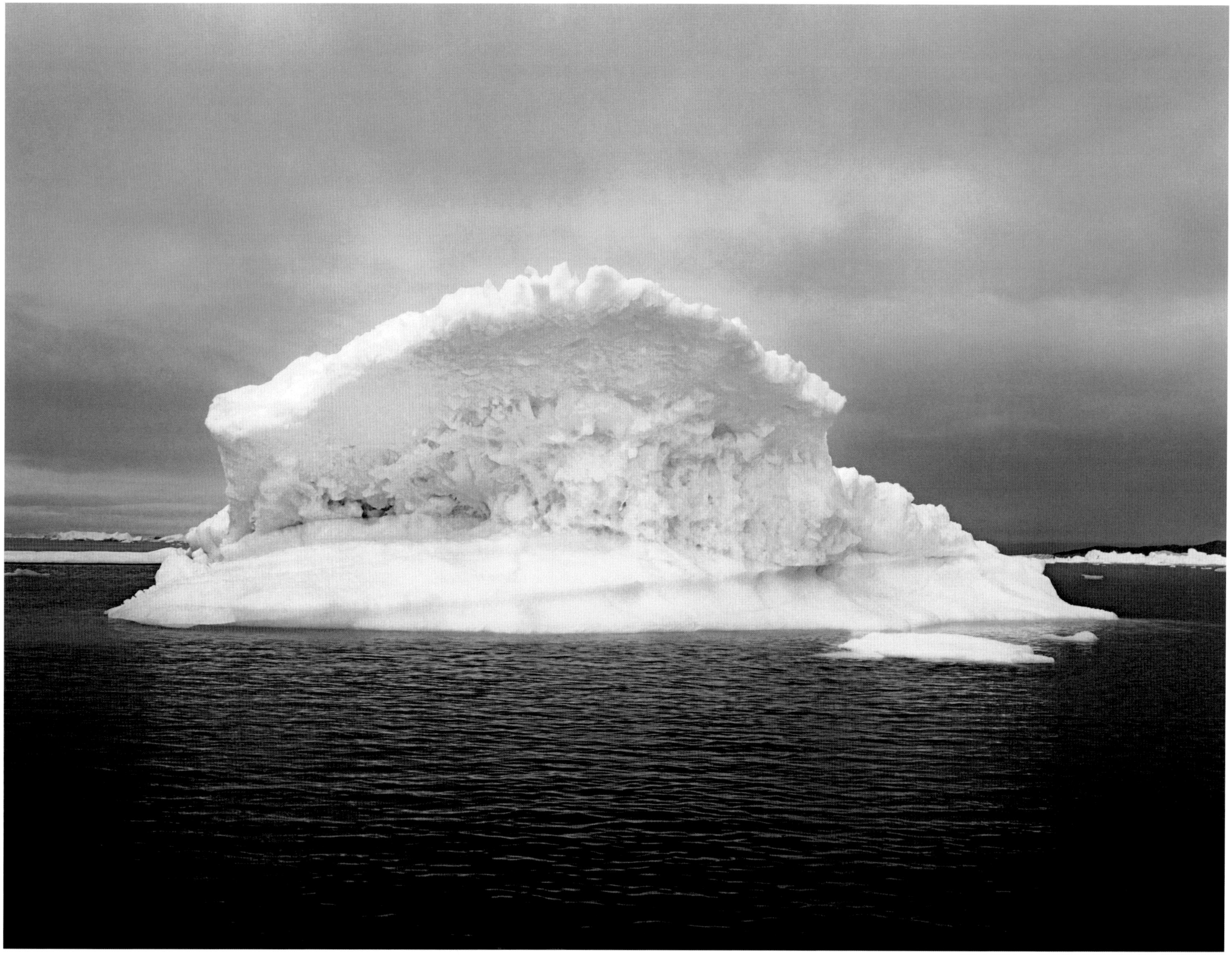

Diamond #8, Greenland, 2015

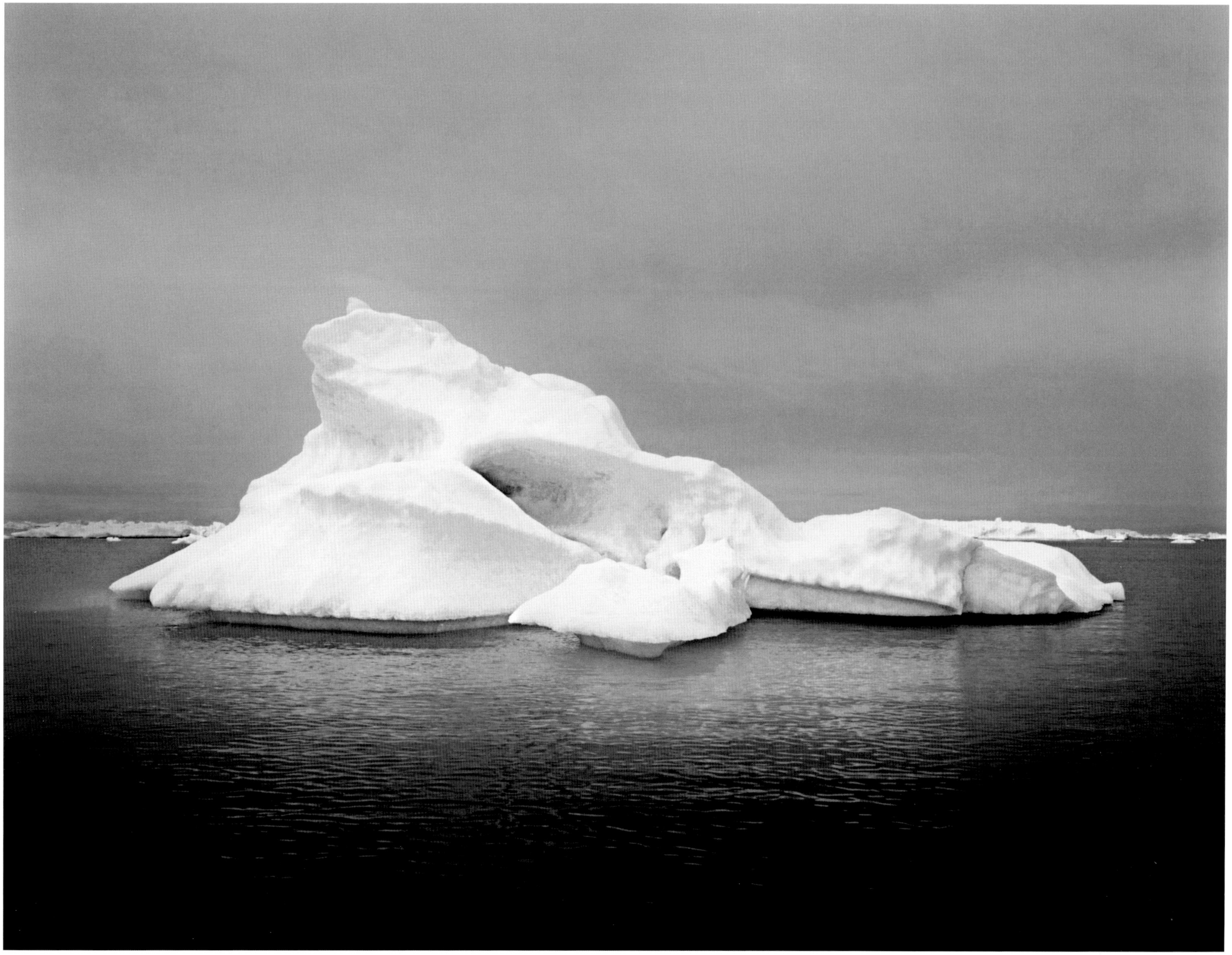

Diamond #9, Greenland, 2015

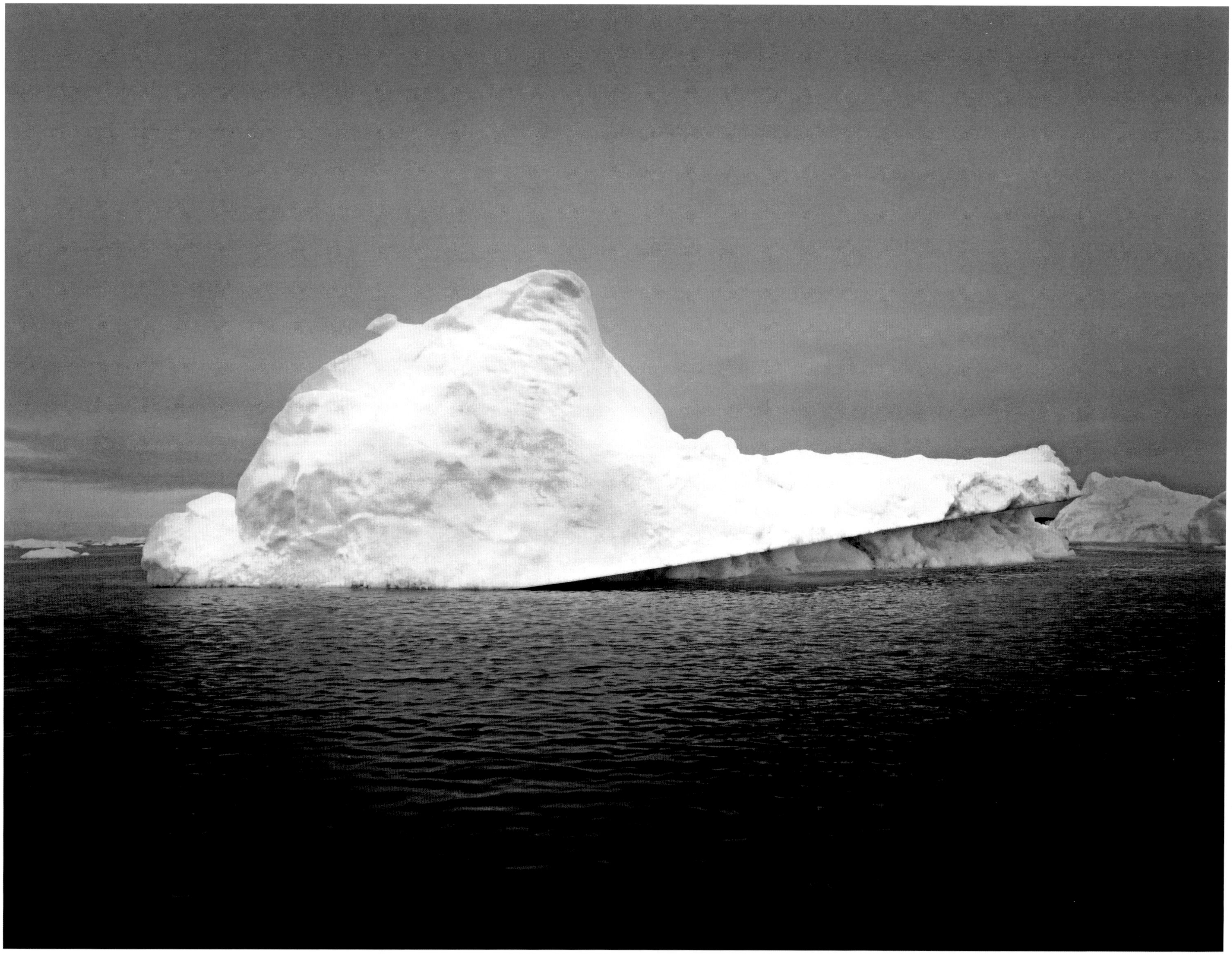

Diamond #10, Greenland, 2015

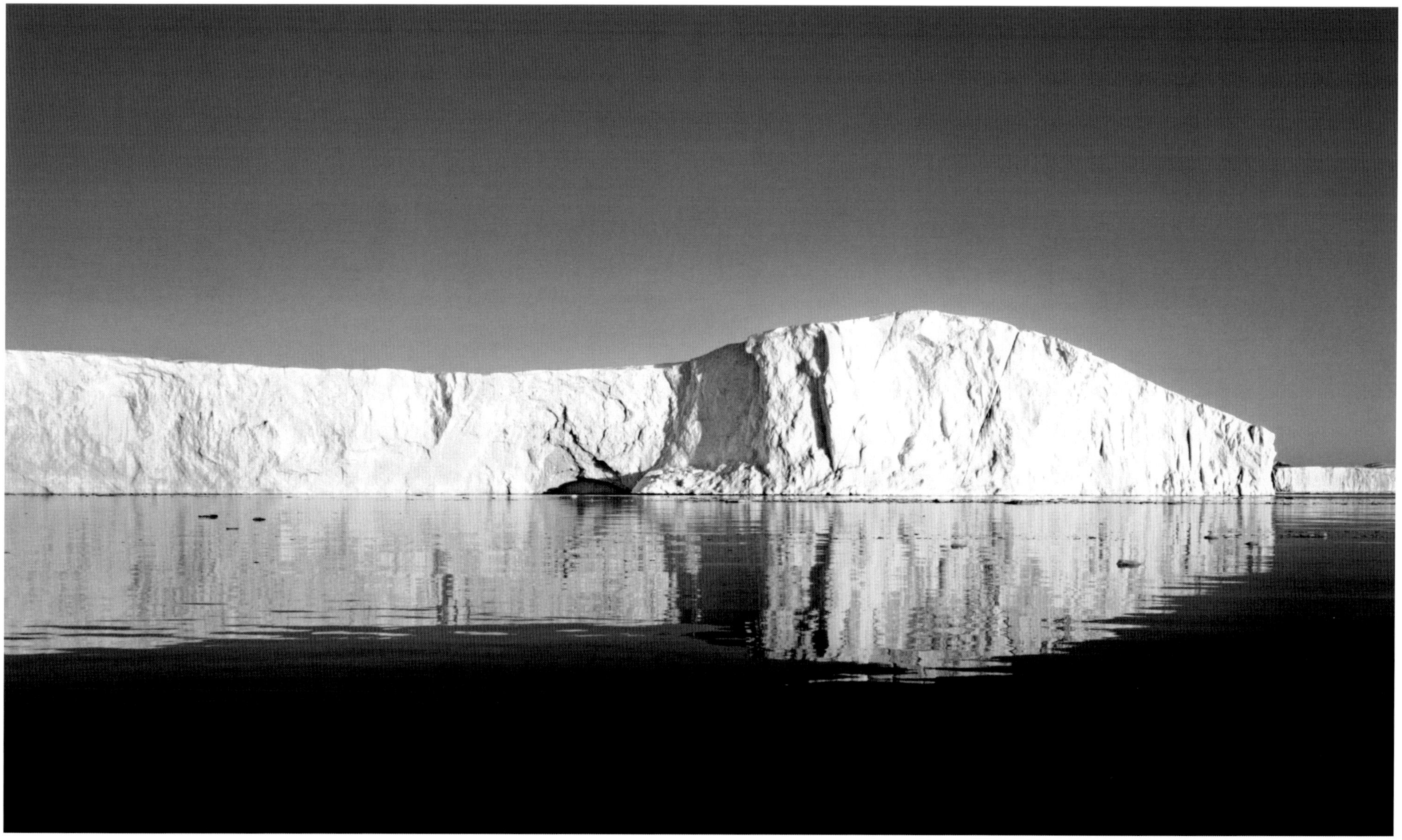

Diamond #11, Greenland, 2015

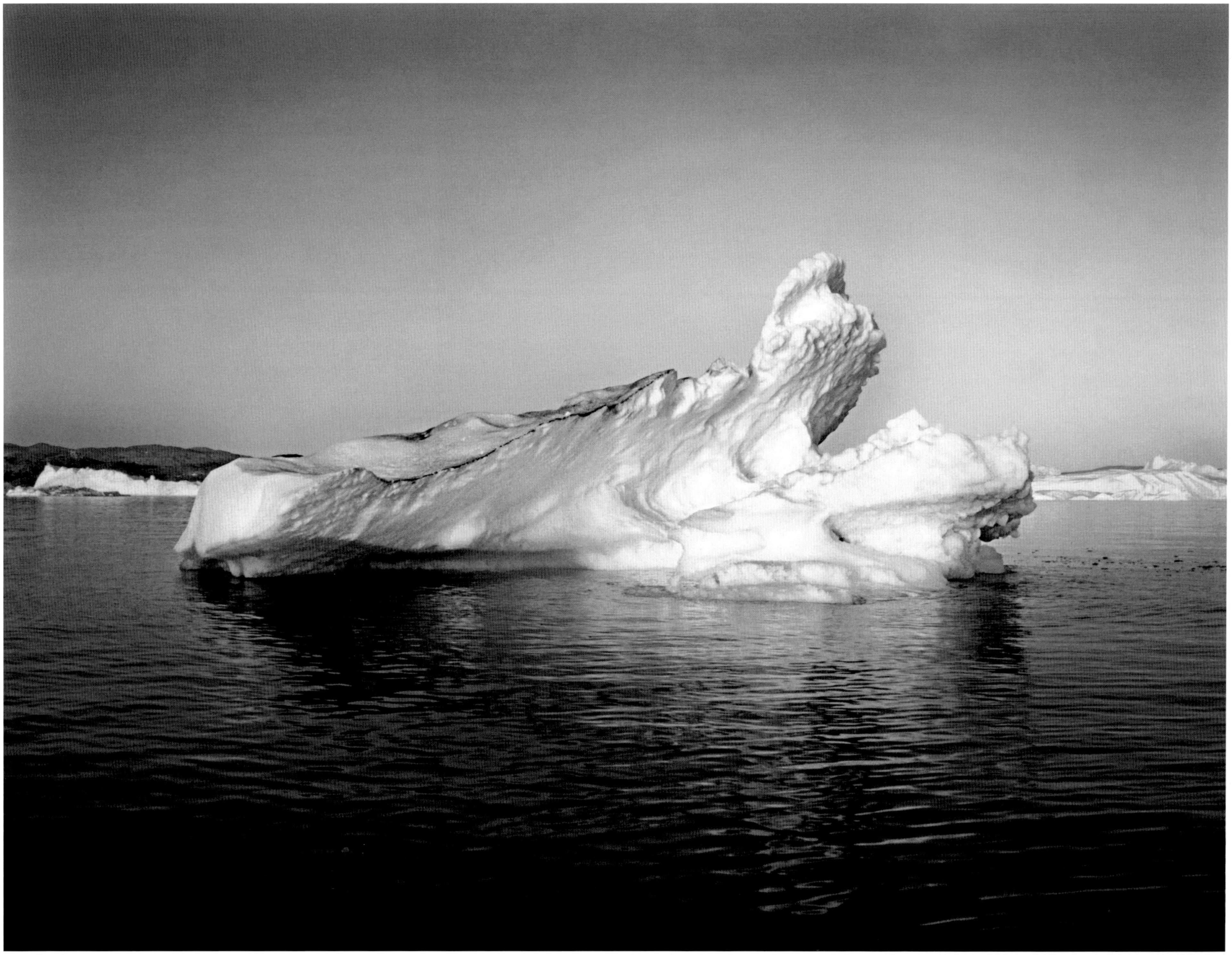

Diamond #12, Greenland, 2015

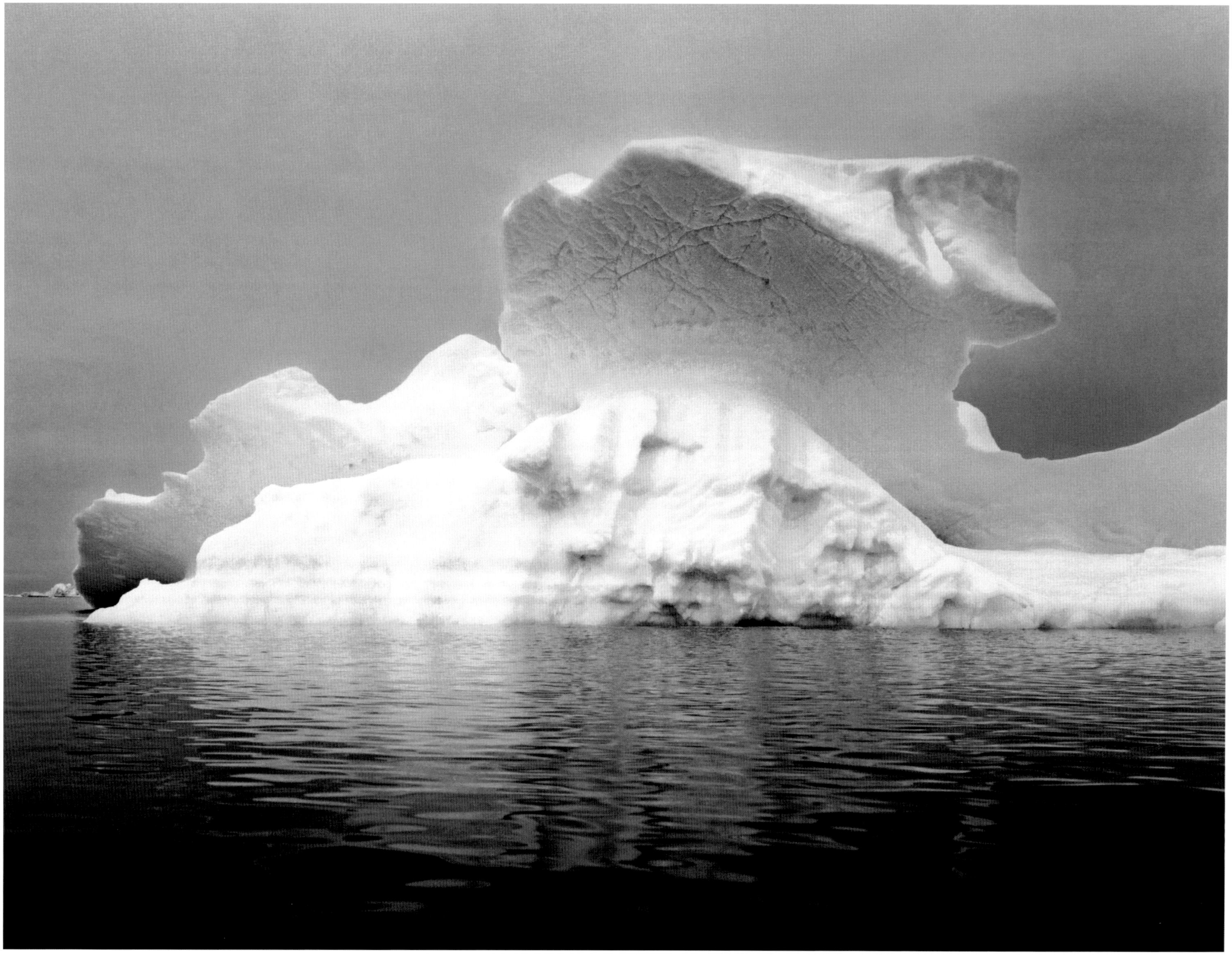

Diamond #13, Greenland, 2015

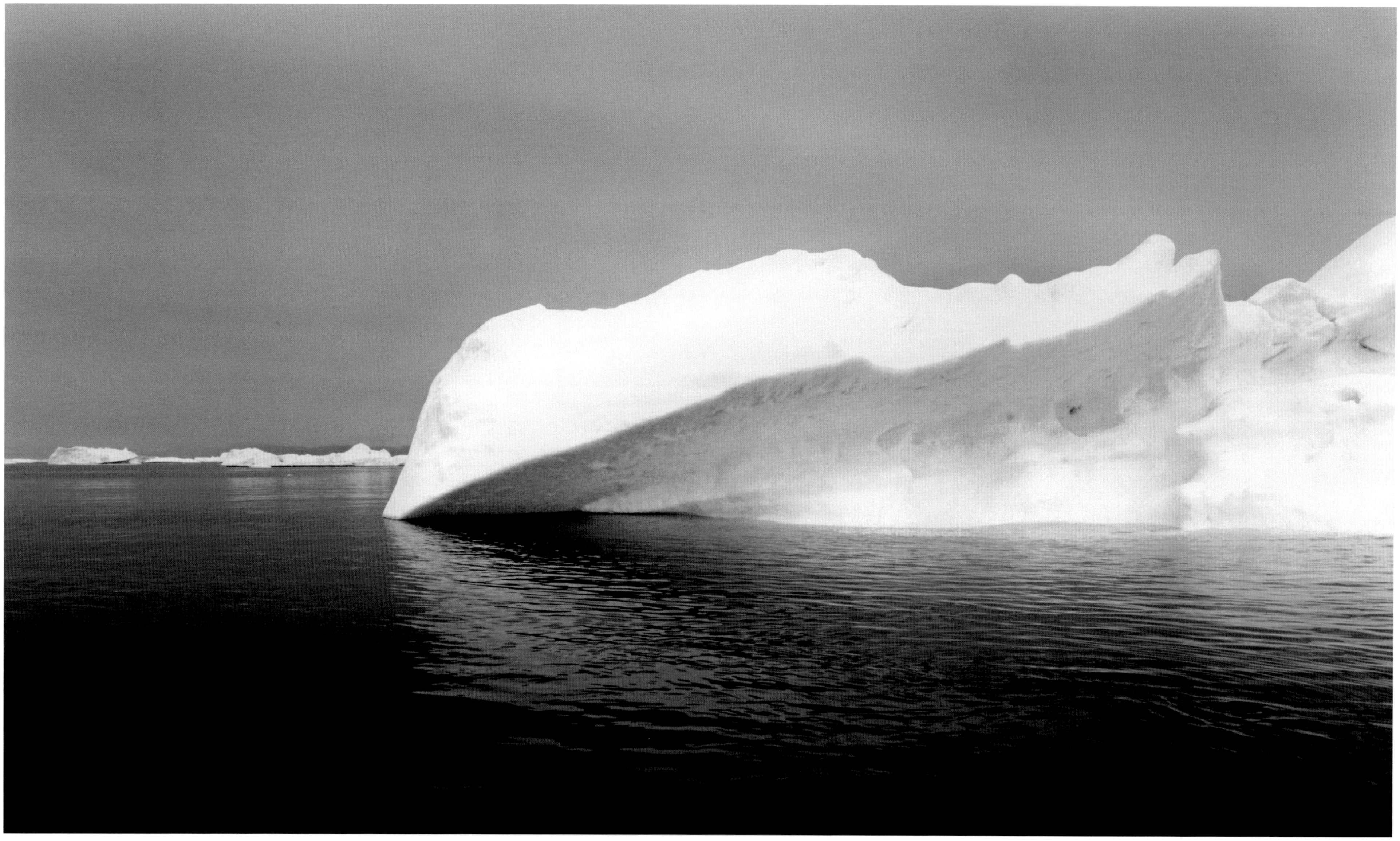

Diamond #14, Greenland, 2015

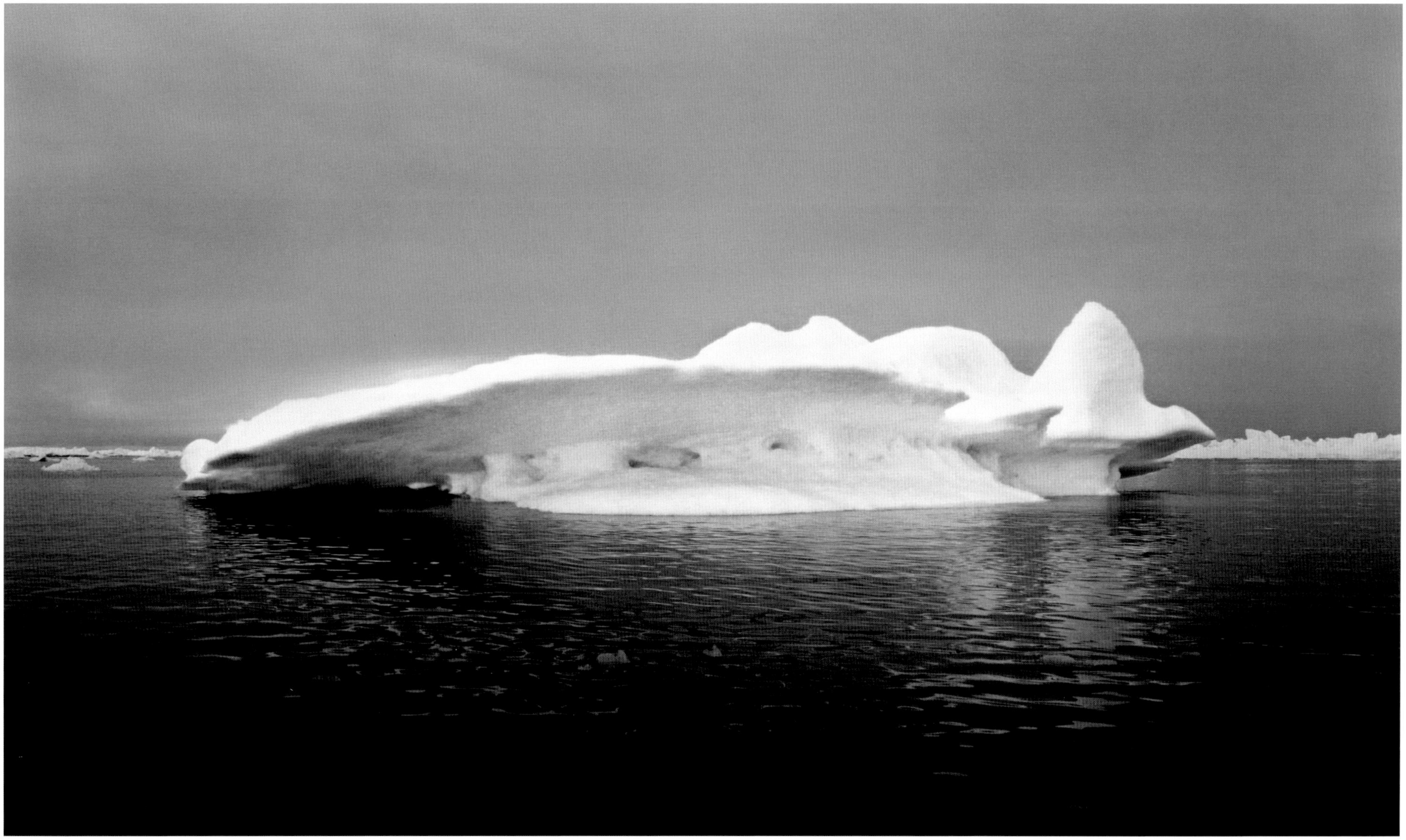

Diamond #15, Greenland, 2015

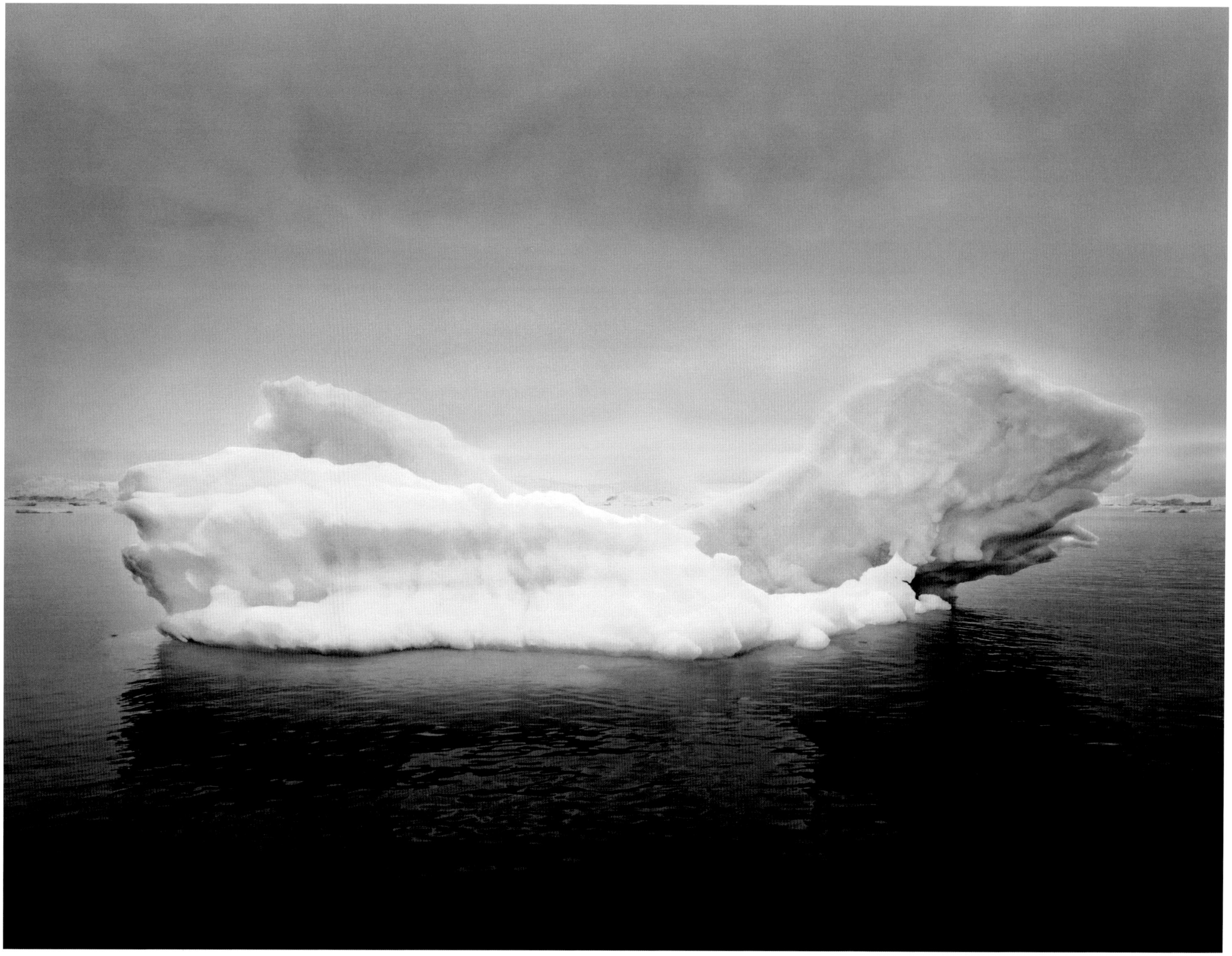

Diamond #16, Greenland, 2015

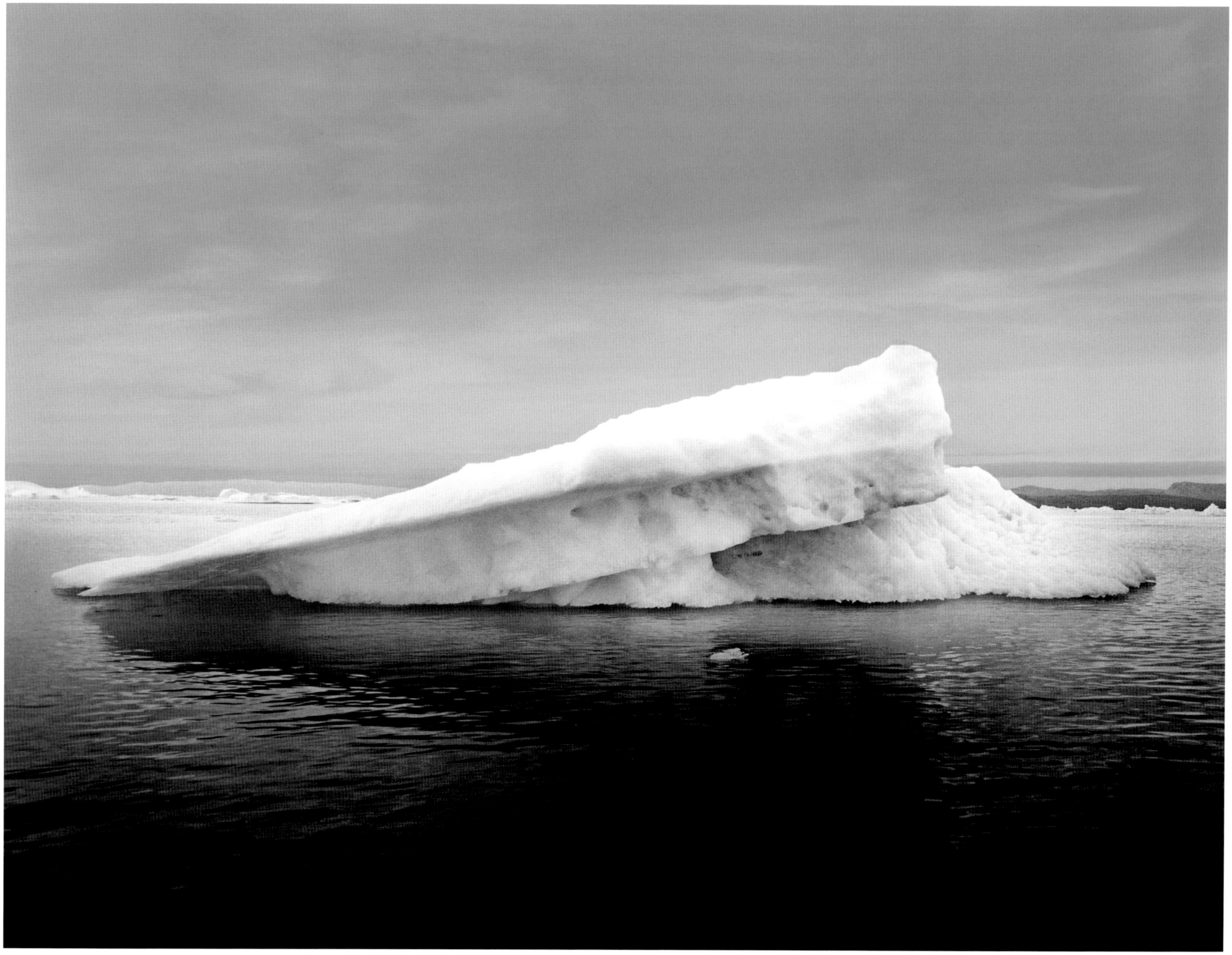

Diamond #17, Greenland, 2015

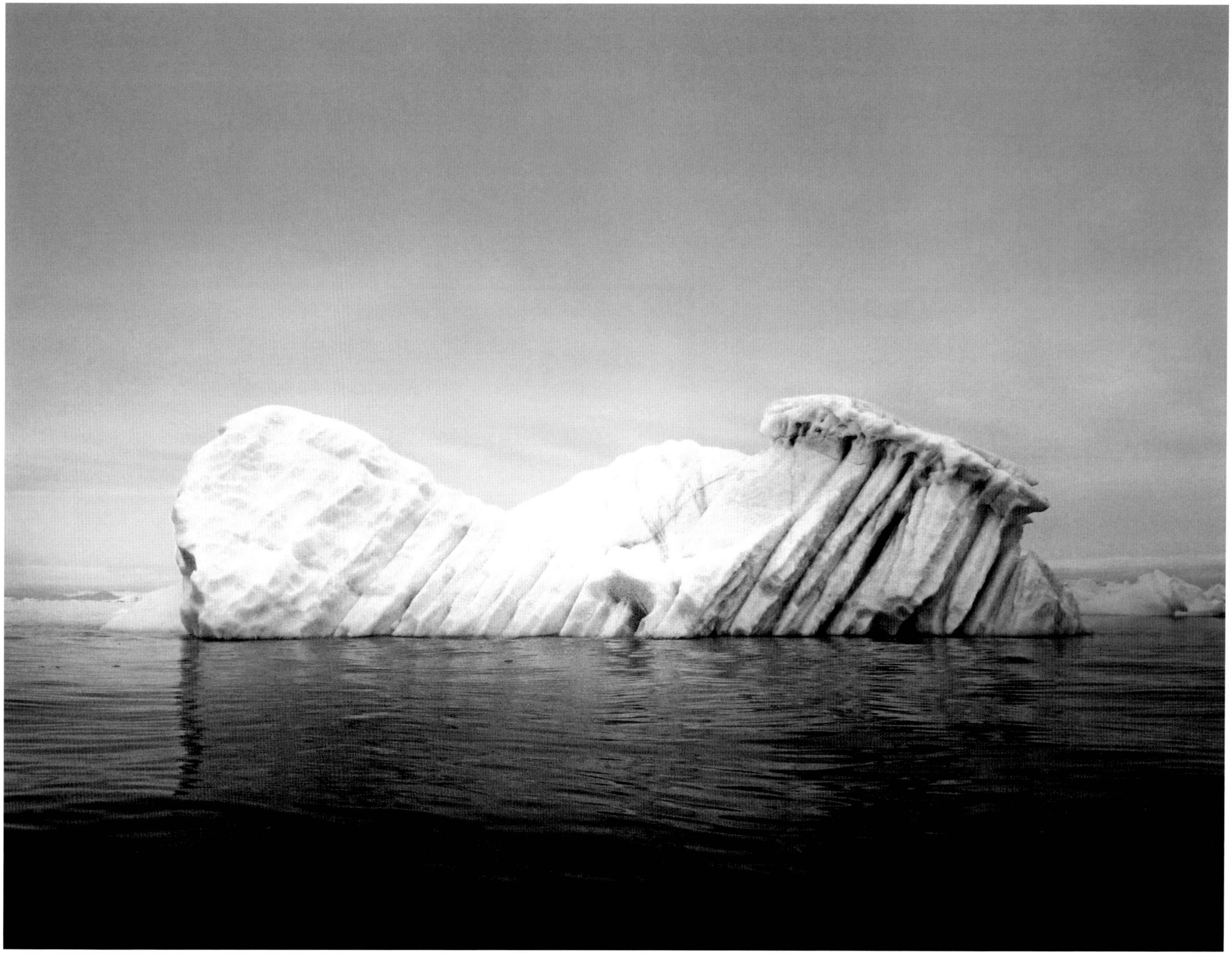

Diamond #18, Greenland, 2015

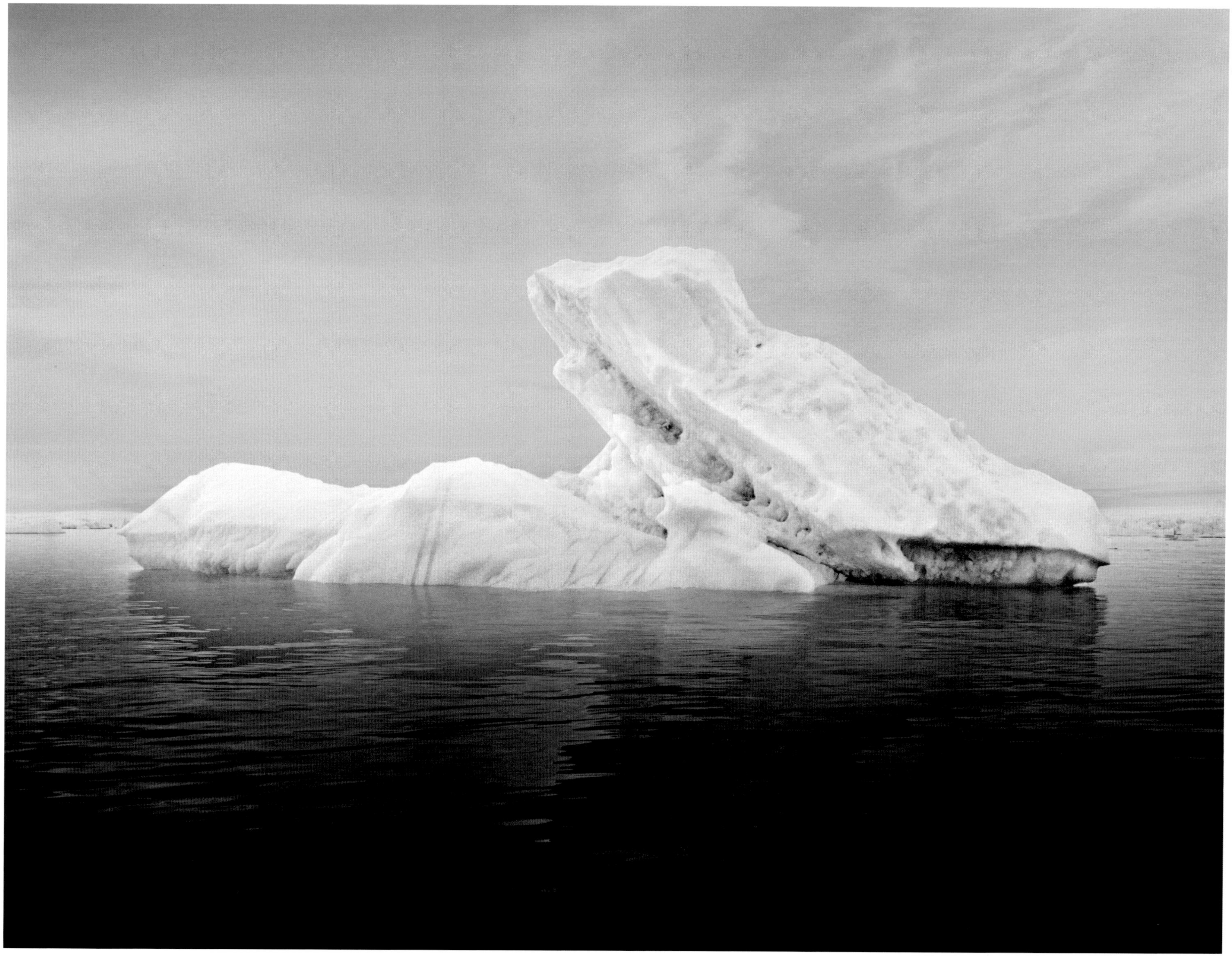

Diamond #19, Greenland, 2015

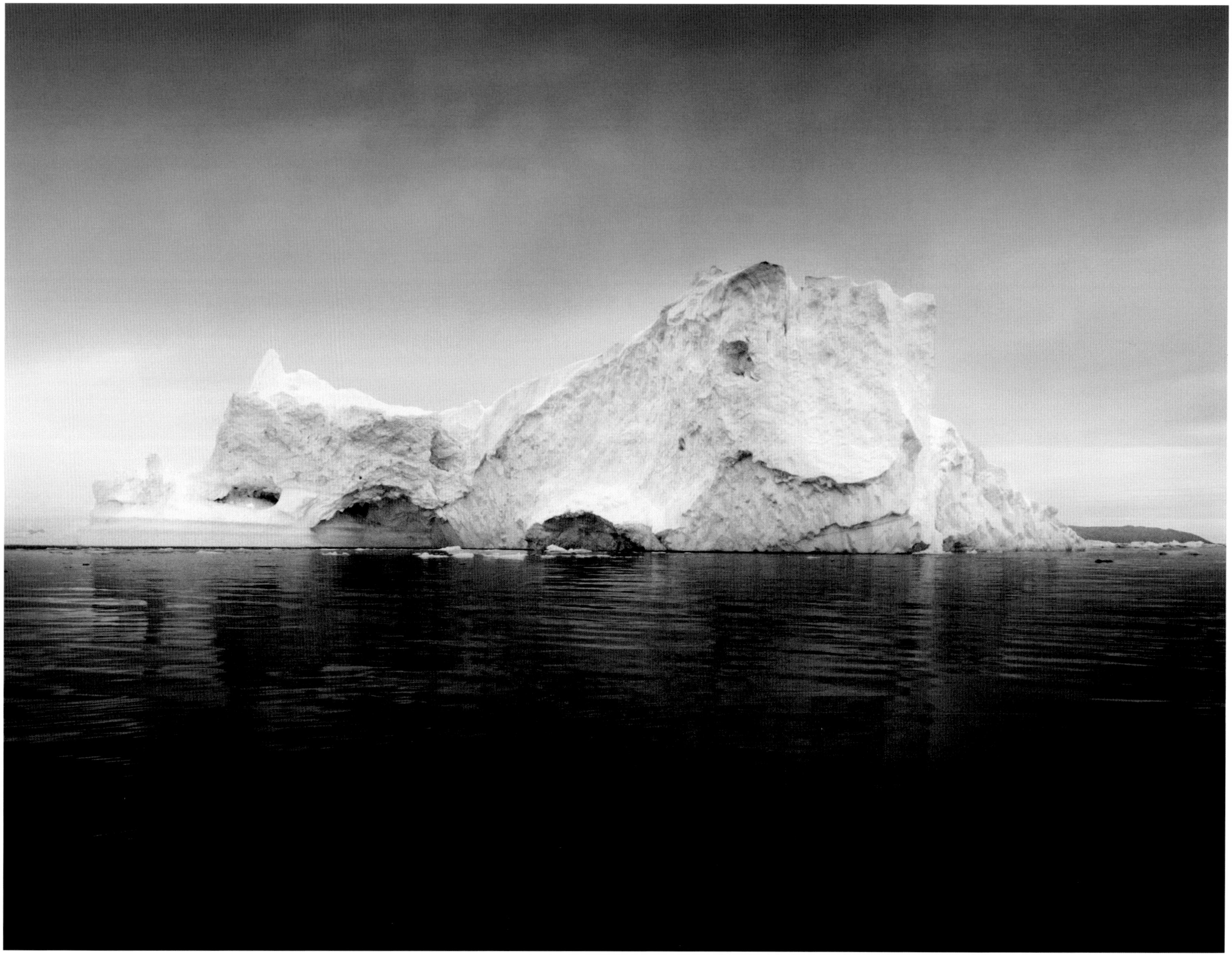

Diamond #20, Greenland, 2015

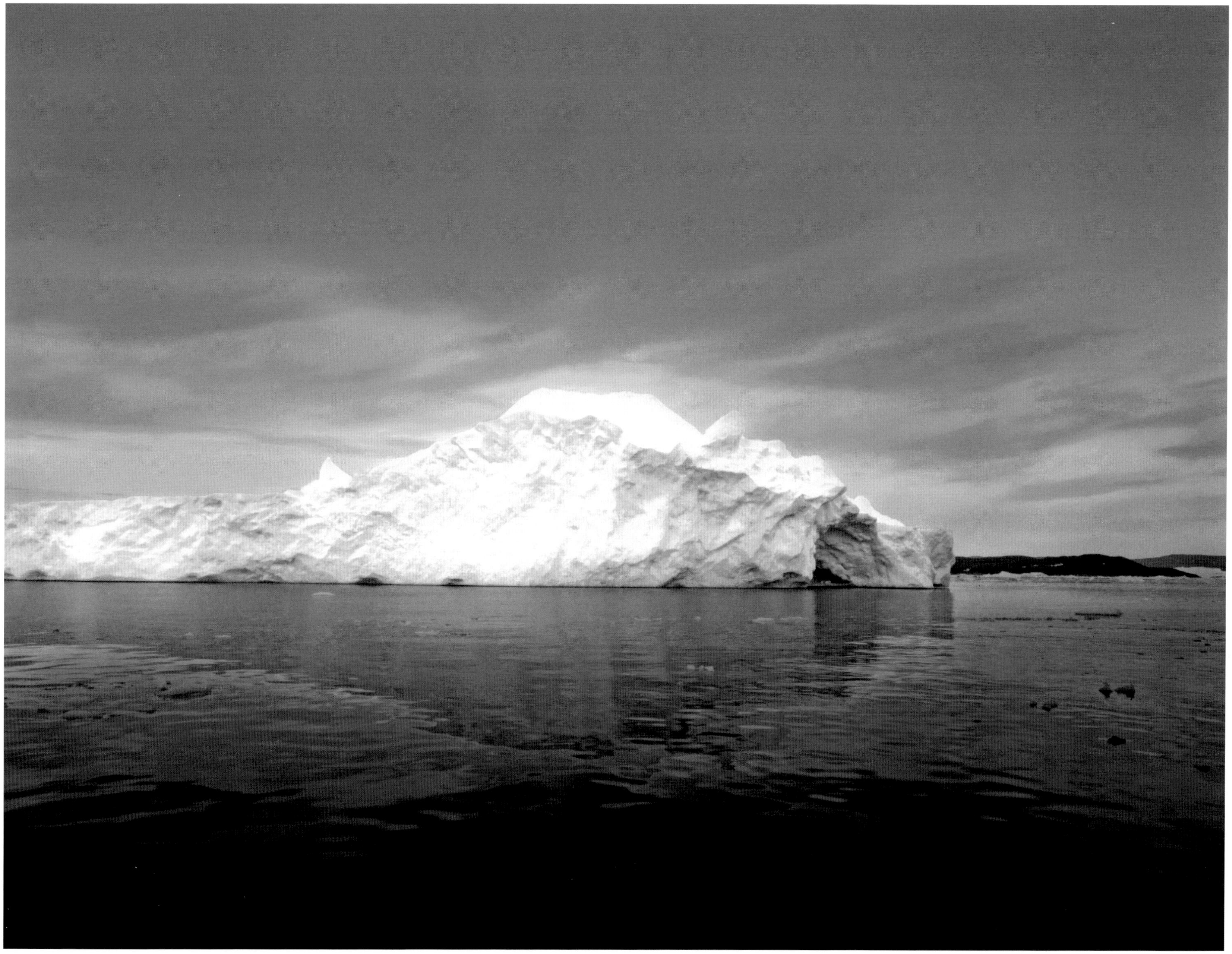

Diamond #21, Greenland, 2015

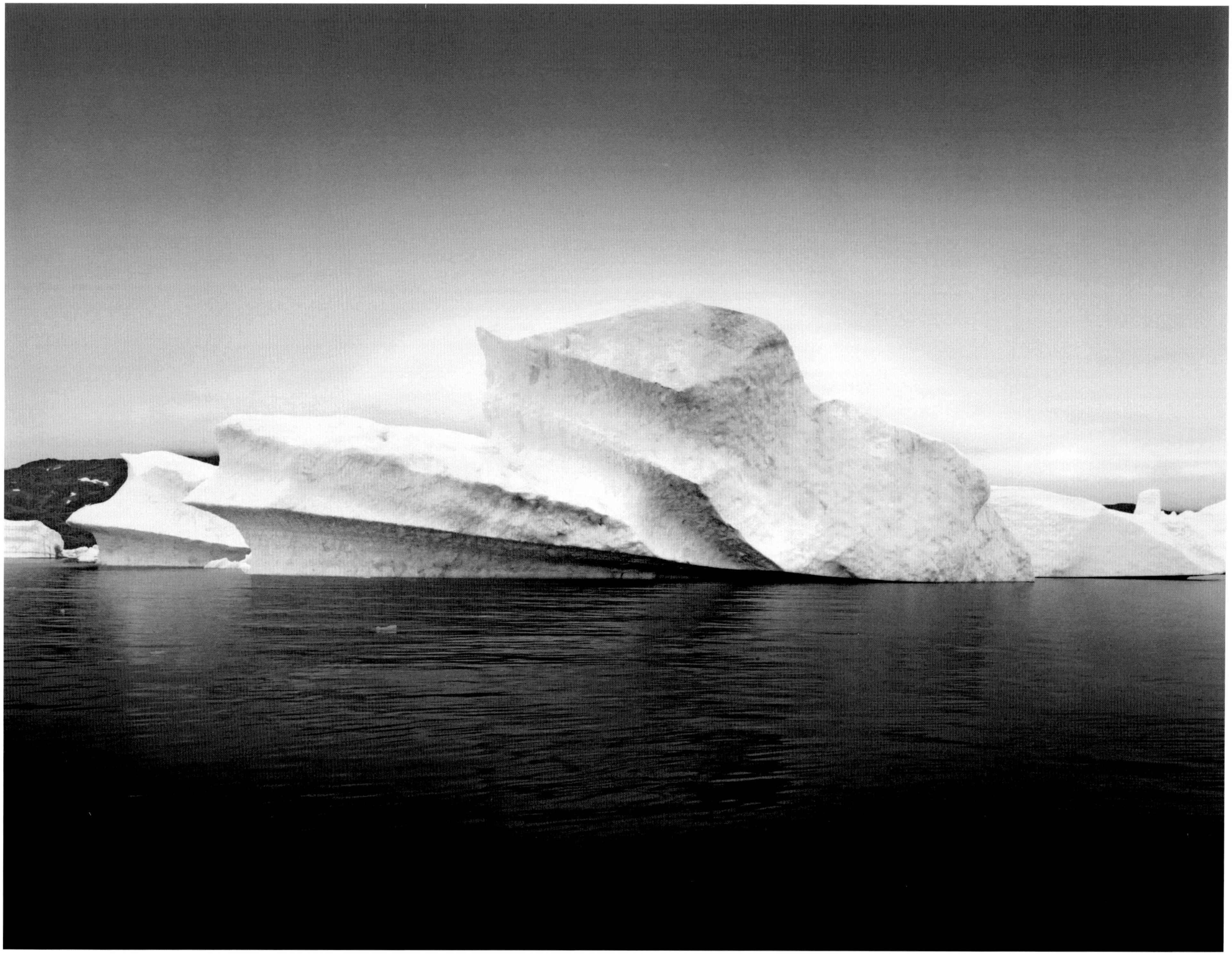

Diamond #22, Greenland, 2015

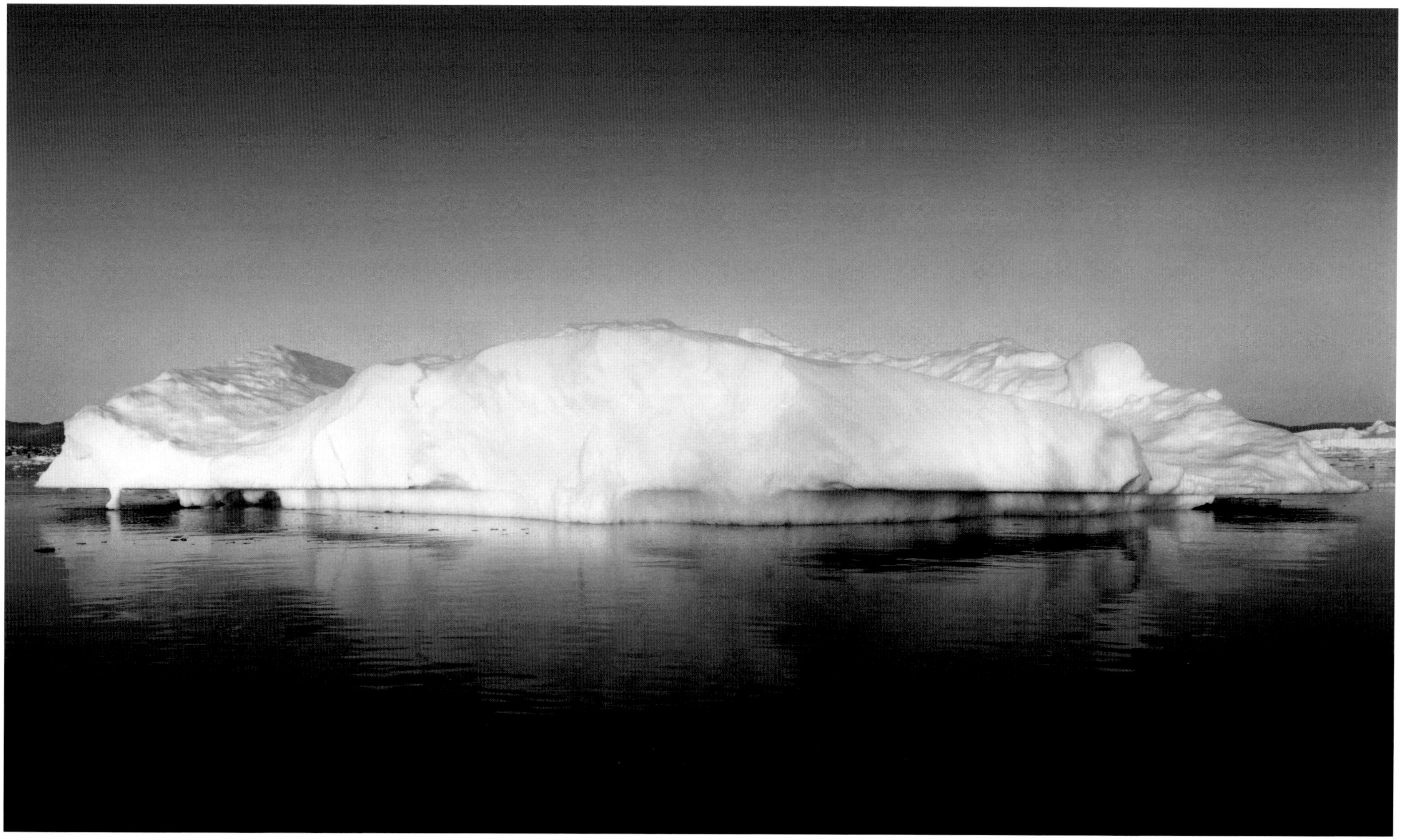

Diamond #23, Greenland, 2015

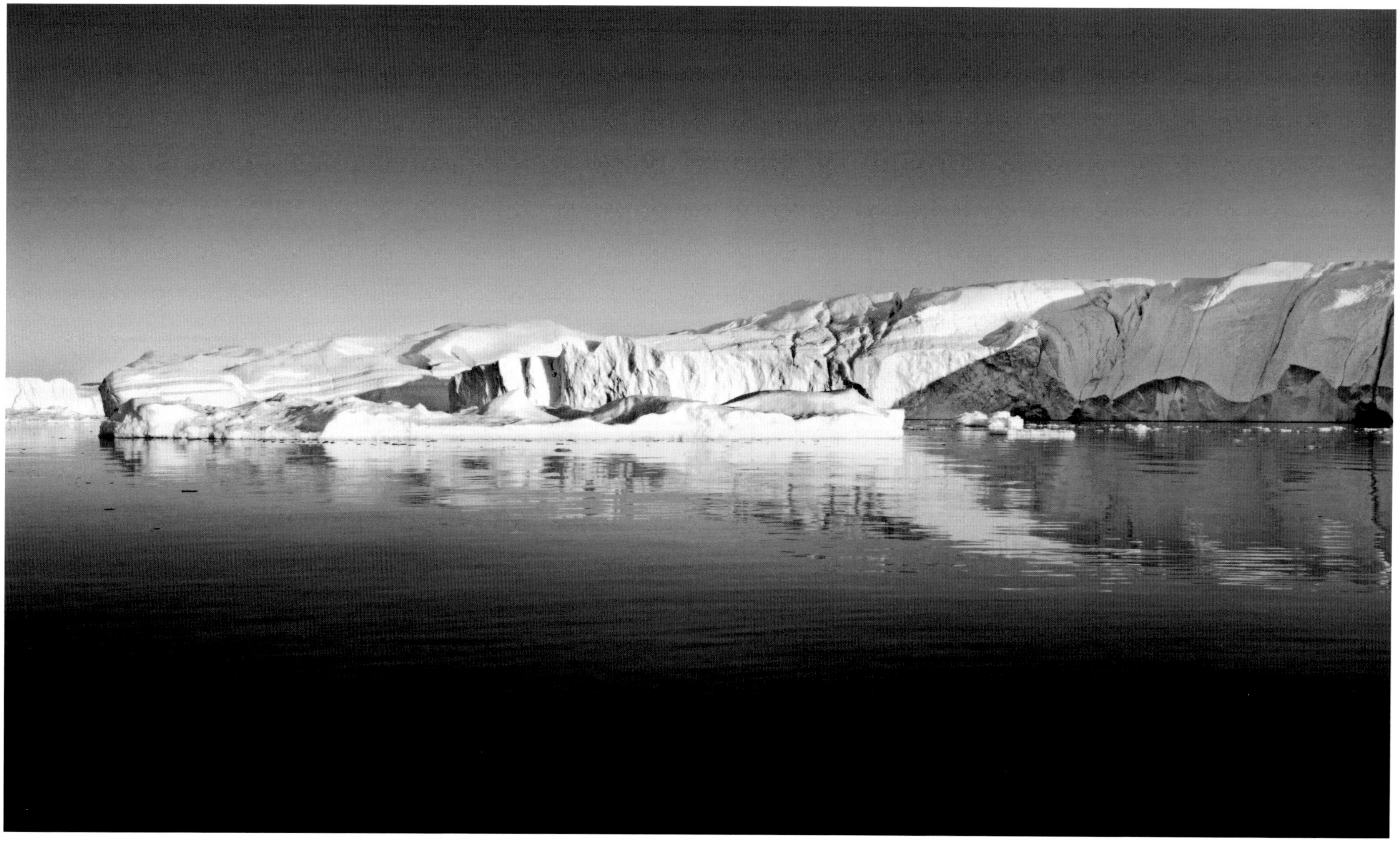

Diamond #24, Greenland, 2015

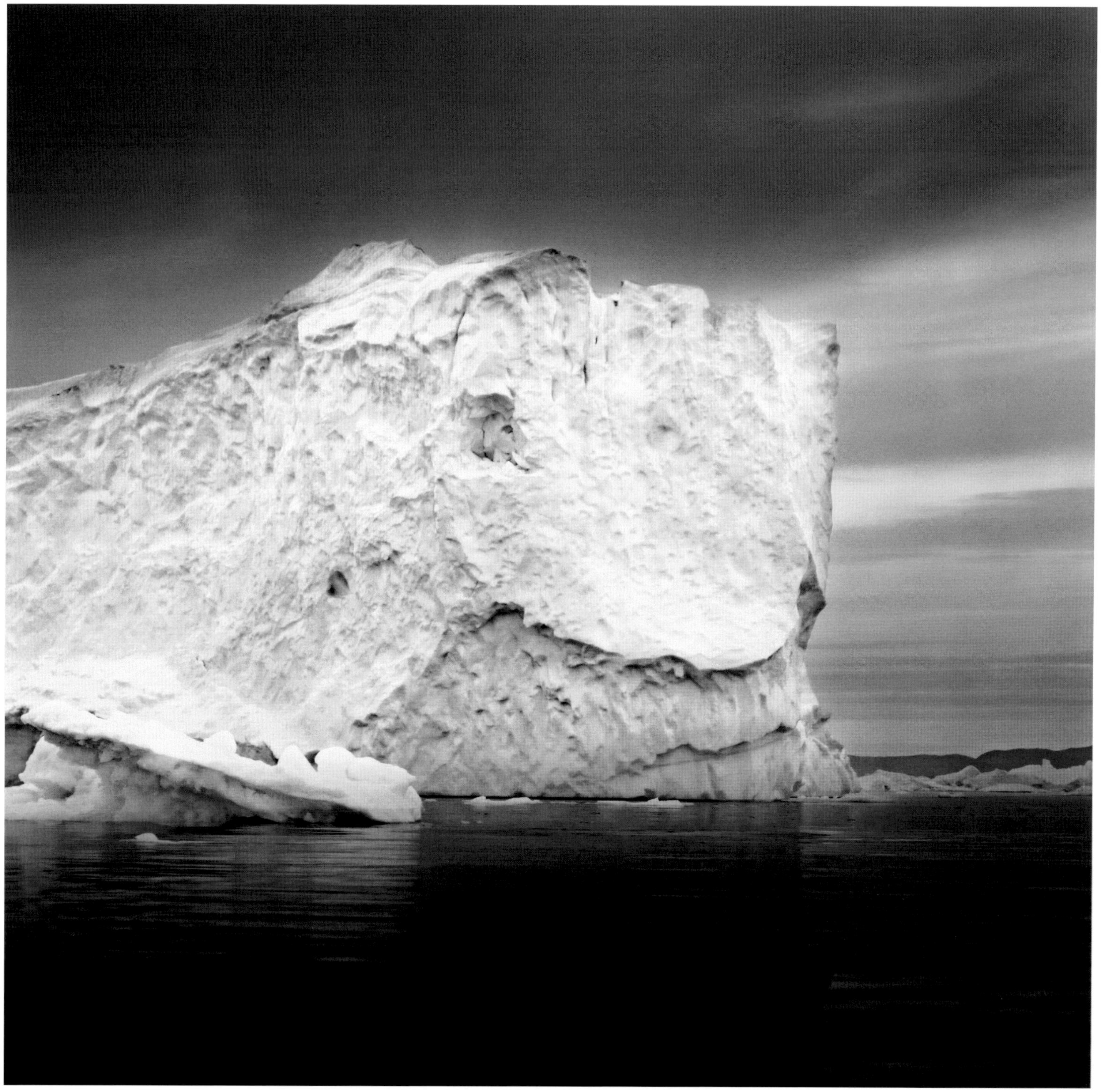

Diamond #25, Greenland, 2015

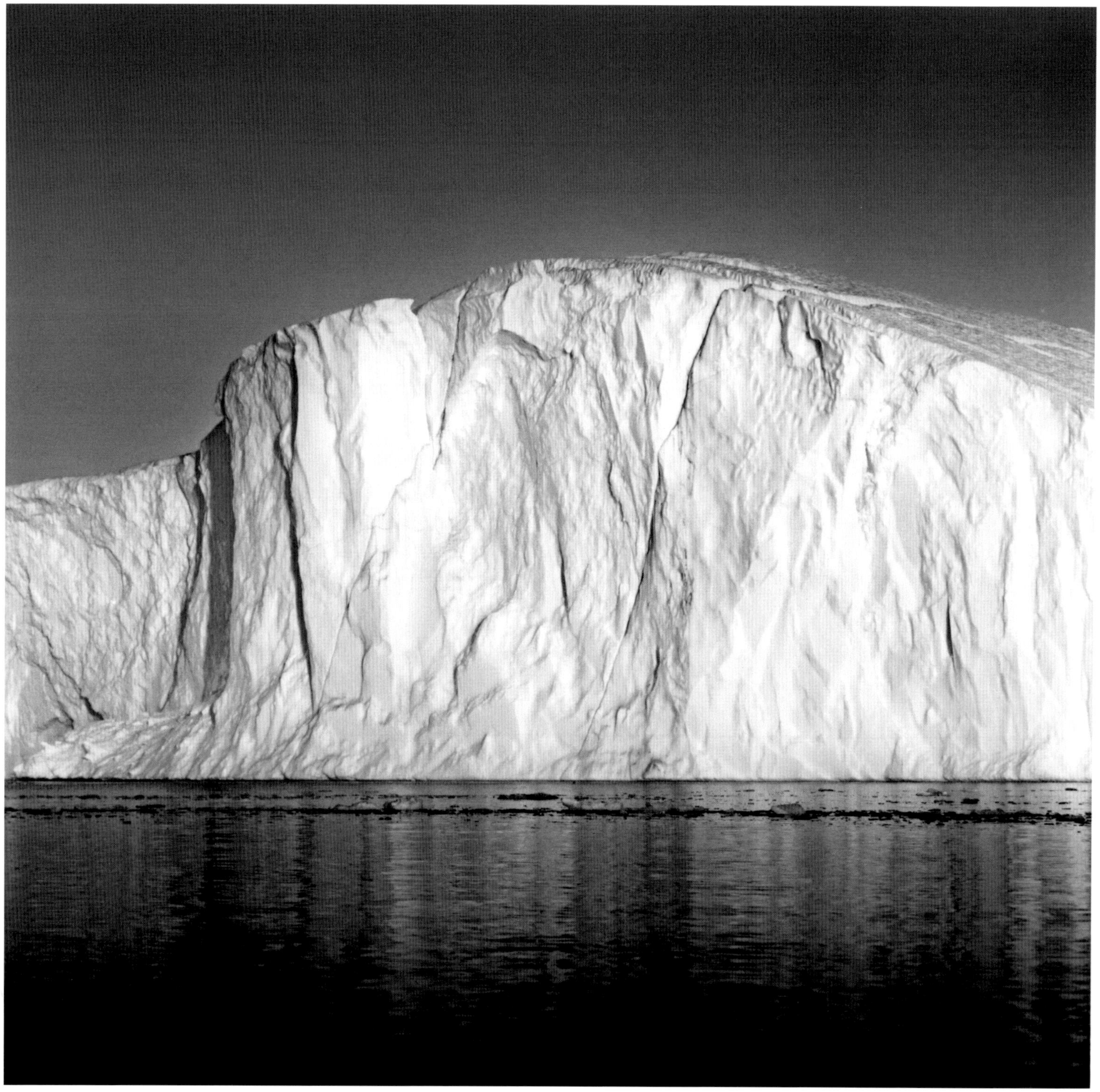

Diamond #26, Greenland, 2015

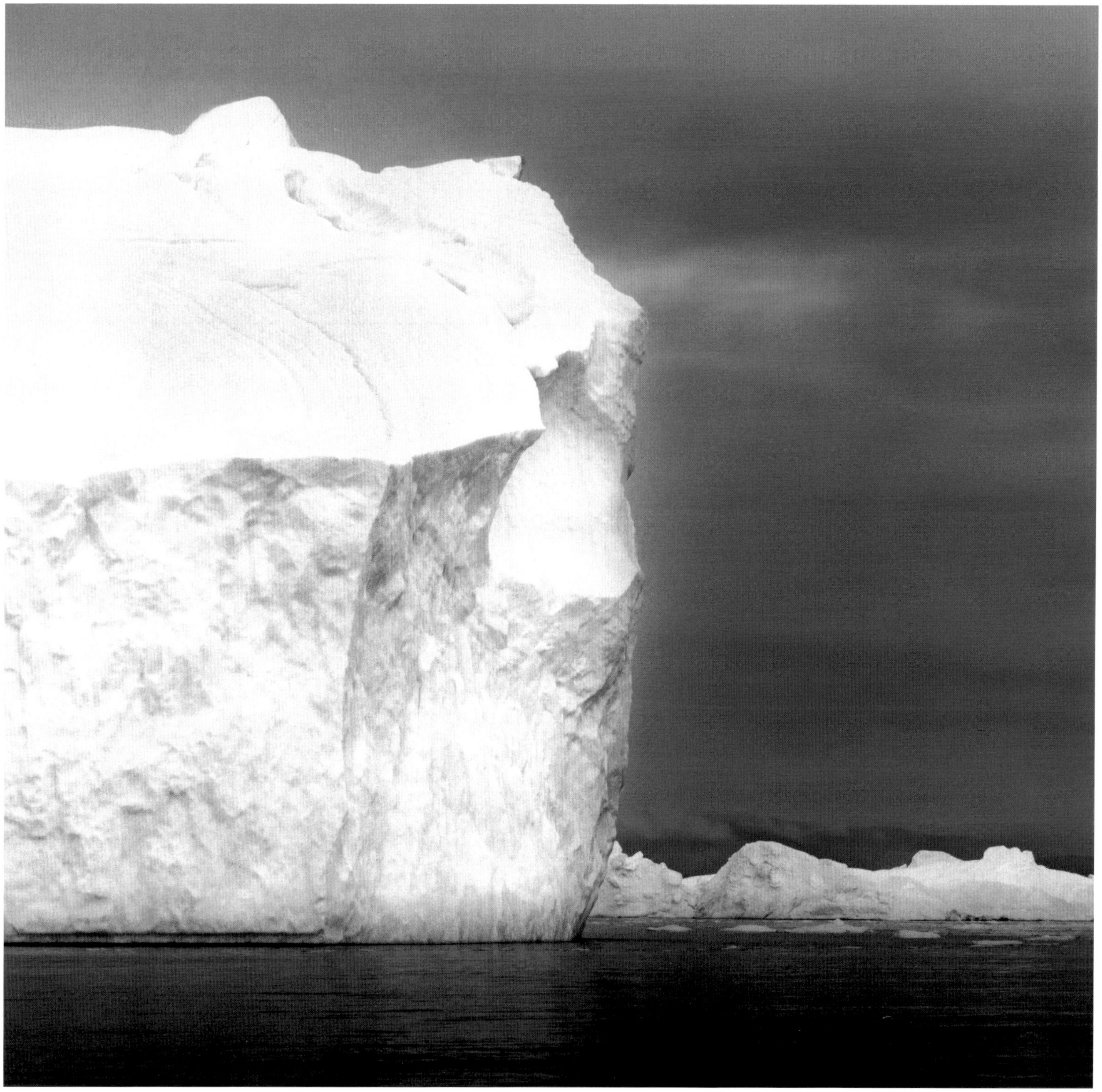

Biografia

Francesco Bosso (Barletta, 1959), globetrotter per indole, fotografo e interprete italiano del paesaggio in bianco e nero. Si colloca nel filone della grande tradizione americana di Edward, Brett e Kim Weston, Ansel Adams e i suoi epigoni John Sexton e Alan Ross, con i quali ha collaborato negli Stati Uniti.

Dopo anni dedicati al reportage etnico e antropologico nei paesi africani e in Cina, raccontati nei volumi fotografici *Swahili. Ritratti africani* e *China Crossing*, orienta la propria indagine artistica alla natura, specie quella più selvaggia, in cui si immerge con un approccio orientale, quasi shintoista, perché, afferma, "il paesaggio è in realtà una visione dove si fondono in un unicum atmosfere e stati d'animo".

Con un processo di distillazione paziente ed elaborata, di selezione radicale fino alla sintesi estrema, operata sui luoghi visitati e sui soggetti, Bosso ferma e prolunga gli istanti. La padronanza della tecnica di ripresa in esterni col grande formato e il virtuosismo in camera oscura, secondo procedimenti esclusivamente analogici, permettono all'autore di ottenere stampe su rare e pregiate carte baritate che esaltano la pulizia dei bianchi, la profondità dei valori tonali e dei contrasti. Elementi che ne configurano la caratteristica marca stilistica, consolidati successivamente con la pubblicazione del volume *White World*, dedicato alle mille declinazioni e densità del bianco in natura.

Nel 2012 si concentra sull'incredibile varietà e maestosità della terra islandese, rappresentata con fotografie molto contrastate e spettacolari tagli di luce nella serie *Golden Light*, pubblicata nel 2014 nell'omonimo catalogo in edizione limitata e numerata. Successivamente presenta il progetto *After Dark*, caratterizzato da frammenti di paesaggi naturali racchiusi in veri e propri gusci di luce.

La ricerca più recente è scandita dalla serie *Last Diamonds*, strepitoso reportage dal taglio visionario tra i maestosi iceberg artici. Progetto fotografico, realizzato durante un viaggio dalle forti emozioni ai confini dell'Artico e segnato dall'incontro straordinario con alcuni abitanti Inuit, in cui gli iceberg sembrano trasfigurarsi in gioielli "galleggianti", esaltati dal suo bianco/nero che ne accentua i contorni; qui appaiono fieri come montagne rocciose, dall'eleganza scolpita dal vento e dall'oceano, e scaldati dalla luce, sul crinale dell'inesorabile mutevolezza: un implicito riferimento al *global warming* che sta divorando i ghiacciai della terra; un'urgenza globale a cui, con le immagini emblematiche di queste icone di rara bellezza, Bosso intende offrire consapevolmente un serio spunto di riflessione.

Presente in collezioni pubbliche e private, ha esposto in mostre personali e collettive in musei, fondazioni e forum in Italia e all'estero, tra cui la Fondazione Museo Pino Pascali di Polignano, il Cultural Centre Museum di Hong Kong, Paris Photo a Parigi.

Centrale, per la sua consacrazione anche internazionale, l'imponente mostra personale del 2014 *White Golden Dark*, compendio di quasi un decennio di lavoro tra astrattismo, fotografia panoramica e materia pittorica, curata da Gianluca Marziani al Palazzo Collicola Arti Visive di Spoleto nell'ambito del Festival dei due Mondi.

Successivamente, nel 2015, viene invitato a partecipare alla 56a Biennale di Venezia nell'ambito della mostra *Present Nearness* nel Padiglione Grenada, dove espone l'imponente trittico *Arrays.*

La sua produzione è illustrata in raffinati cataloghi, pubblicati da prestigiose case editrici tra cui Electa, Skira, Adda, Castelvecchi, Lupetti Editore. Hanno scritto di lui critici e curatori di levatura internazionale, tra i quali: Lanfranco Colombo, Roberto Mutti, Walter Guadagnini, Filippo Maggia, Gianluca Marziani.

Selezione mostre personali

2017

Polignano, Museo Pino Pascali, *A White Tale*

Sondrio, Palazzo Muzio, *SOS Pianeta Terra*

2016

Orvieto, Palazzo Coelli, *Intimate Visions*

2015

Venezia Mestre, Spazio Candiani, *The Beauty between Order and Disorder*

2014

Torino, Torino Esposizioni, *The Way of Beauty*

Spoleto, Palazzo Collicola Arti Visive, *White Golden Dark*

Orvieto, Palazzo Coelli, *The Density of White*

2013

Torino, Photo & Co., *Unexpected Forms*

Latina, Romberg Arte Contemporanea, *White World, La disciplina del bianco*

2012

Milano, Orti di Leonardo, *White World*

Venezia, Palazzo Zenobio, *Visioni in bianco e nero*

2011

Milano, Spazio Meriggi, *Silver White*

Venezia, Marghera Fotografia, Auditorium Monteverdi, *Americas*

Barletta, Castello Svevo, *Metropolis*

2009

Bormio, Mulino Salacrist, *China Crossing*

2008

Teglio, Palazzo Besta, *Dalla Valtellina alla Cina*

2007

Milano, Cargo Museum and Library, *China Crossing*

Brescia, Museo Nazionale della Fotografia, *China Crossing*

Napoli, Maschio Angioino, *China Crossing*

Mostre internazionali

2017

Karlsrhue, Art Karlsrhue, *After Dark*

2016

Parigi, Paris Photo, Grand Palais, *Last Diamonds*

Karlsrhue, Art Karlsrhue, *Golden Light*

2015

Venezia, 56a Biennale di Venezia, Padiglione di Grenada, *Present Nearness*

Parigi, Paris Photo, Grand Palais, *After Dark*

Monaco di Baviera, Galerie Stephen Hoffman, *Golden Light*

2014

Parigi, Paris Photo, Grand Palais, *Golden Light*

2013

Parigi, Paris Photo, Grand Palais, *Unexpected Forms*

Bruxelles, Off Course Art Fair, *White World*

2012

Hong Kong, Hong Kong Cultural Centre, *American Places*

2010

Shanghai, M50 Creative Space gallery, *Americas*

Hangzhou (Cina), Seeker Club, *Americas*

Mostre museali

Polignano, Museo Pino Pascali

Spoleto, Palazzo Collicola Arti Visive

Brescia, Museo nazionale della fotografia

Hong Kong, Cultural Centre Museum

Matera, Museo della Civiltà Contadina

Pubblicazioni

Last Diamonds, introduzione di Filippo Maggia, Milano, Skira

The Beauty between Order and Disorder, introduzione di Walter Guadagnini, Venezia, Centro Culturale Candiani

Golden Light, introduzione di Alessandra Quattordio, Bologna, Fausto Lupetti Editore

White World, introduzione di Gianluca Marziani, Bologna, Fausto Lupetti Editore

Americas, introduzione di Roberto Mutti, Bologna, Fausto Lupetti Editore

China Crossing, introduzione di Roberto Mutti, Roma, Castelvecchi Editore

Sassi e calanchi, Roma, Castelvecchi Editore

Murgia territorio divino, Bari, Adda Editore

Swahili. Ritratti africani, introduzione di Lanfranco Colombo, Milano, Electa

Biography

Francesco Bosso (born in Italy, 1959), a globetrotter by nature, is a well-known Italian interpreter of landscapes via the medium of black-and-white photography, in the vein of the great American masters, such as Edward, Brett and Kim Weston, the unforgettable Ansel Adams and his followers John Sexton and Alan Ross, with whom the author has worked in the US.

After years devoted to ethnic and anthropological reportage work in Africa and China, narrated in the photography books *Swahili. Ritratti africani* and *China Crossing*, he explores nature, especially savage nature, which he approaches in an Oriental, almost Shintoist way, because "the landscape is in reality a vision where atmospheres and states of mind join together," as he states.

After a painstaking and elaborate process, of radical selection of extreme synthesis, practiced in places visited and with the subjects, Bosso immortalizes and extends these moments. His mastery of the outdoor photography technique with large format and his skill in the darkroom, according to exclusively analogical procedures, allow him to obtain prints on rare and valuable baryta-coated paper that accentuate the crisp whites, the depth of tone and contrast. Elements that go on to create his characteristic style, later consolidated with the publication *White World*, dedicated to the countless variations and densities of white in nature.

In 2012, he focused on the incredible variety and majesty of Iceland, represented with very clashing photos and spectacular lighting in the series *Golden Light,* published in 2014 in the catalogue by the same name and in limited/numbered edition. Subsequently, he presented the project *After Dark* with its fragments of natural landscapes enclosed in actual shells of light.

His latest investigations are found in the series *Last Diamonds*, an amazing visionary reportage amidst the majestic Arctic icebergs. A photo project, shot during a powerfully emotional trip to the edge of the Arctic and marked by the extraordinary encounter with some local Inuits, where the icebergs seem to turn into "floating" jewels, extolled by his black/white that accentuates the edges; we also find rocky mountains, elegantly sculpted by the wind and the ocean and warmed by the sun, on the brink of inescapable transformation: an implicit reference to "global warming" that is devouring the glaciers of the Earth; a global emergency to which, through his emblematic images of icons of rare beauty, Bosso aims to consciously offer some food for thought.

Present in public and private collections, he has exhibited in solo and group shows in museums, foundations and forums in Italy and abroad, including the Fondazione Museo Pino Pascali in Polignano, the Cultural Centre Museum in Hong Kong and Paris Photo in Paris.

The impressive solo show of his in 2014 that earned him international recognition was *White Golden Dark*, a compendium of nearly a decade of work including abstractionism, panoramic photography and painting, curated by Gianluca Marziani at the Palazzo Collicola Arti Visive in Spoleto as part of the Festival dei due Mondi.

In 2015, he was also asked to take part in the 56. Venice Biennale in the exhibition *Present Nearness* in the Pavilion of Grenada, where he showed his imposing triptych *Arrays*.

His work is illustrated in refined catalogues, by prestigious publishing houses like Electa, Skira, Adda, Castelvecchi, Lupetti Editore. Critics and curators of international fame have written about him and include Lanfranco Colombo, Roberto Mutti, Walter Guadagnini, Filippo Maggia, Gianluca Marziani.

Selected Solo Exhibitions

2017

Polignano, Museo Pino Pascali, *A White Tale*

Sondrio, Palazzo Muzio, *SOS Pianeta Terra*

2016

Orvieto, Palazzo Coelli, *Intimate Visions*

2015

Venezia Mestre, Spazio Candiani, *The Beauty between Order and Disorder*

2014

Turin, Torino Esposizioni, *The Way of Beauty*

Spoleto, Palazzo Collicola Arti Visive, *White Golden Dark*

Orvieto, Palazzo Coelli, *The Density of White*

2013

Turin, Photo & Co., *Unexpected Forms*

Latina, Romberg Arte Contemporanea, *White World, La disciplina del bianco*

2012

Milan, Orti di Leonardo, *White World*

Venice, Palazzo Zenobio, *Visioni in bianco e nero*

2011

Milan, Spazio Meriggi, *Silver White*

Venice, Marghera Fotografia, Auditorium Monteverdi, *Americas*

Barletta, Castello Svevo, *Metropolis*

2009

Bormio, Mulino Salacrist, *China Crossing*

2008

Teglio, Palazzo Besta, *Dalla Valtellina alla Cina*

2007

Milan, Cargo Museum and Library, *China Crossing*

Brescia, Museo Nazionale della Fotografia, *China Crossing*

Naples, Maschio Angioino, *China Crossing*

International Exhibitions

2017

Karlsrhue, Art Karlsrhue, *After Dark*

2016

Paris, Paris Photo, Grand Palais, *Last Diamonds*

Karlsrhue, Art Karlsrhue, *Golden Light*

2015

Venice, 56. Venice Biennale, Pavilion of Grenada, *Present Nearness*

Paris, Paris Photo, Grand Palais, *After Dark*

Munich, Galerie Stephen Hoffman, *Golden Light*

2014

Paris, Paris Photo, Grand Palais, *Golden Light*

2013

Paris, Paris Photo, Grand Palais, *Unexpected Forms*

Brussles, Off Course Art Fair, *White World*

2012

Hong Kong, Hong Kong Cultural Centre, *American Places*

2010

Shanghai, M50 Creative Space gallery, *Americas*

Hangzhou (China), Seeker Club, *Americas*

Museum Exhibitions

Polignano, Museo Pino Pascali

Spoleto, Palazzo Collicola Arti Visive

Brescia, Museo nazionale della fotografia

Hong Kong, Cultural Centre Museum

Matera, Museo della Civiltà Contadina

Publications

Last Diamonds, foreword by Filippo Maggia, Milan, Skira

The Beauty between Order and Disorder, foreword by Walter Guadagnini, Venice, Centro Culturale Candiani

Golden Light, foreword by Alessandra Quattordio, Bologna, Fausto Lupetti Editore

White World, foreword by Gianluca Marziani, Bologna, Fausto Lupetti Editore

Americas, foreword by Roberto Mutti, Bologna, Fausto Lupetti Editore

China Crossing, foreword by Roberto Mutti, Rome, Castelvecchi Editore

Sassi e calanchi, Rome, Castelvecchi Editore

Murgia territorio divino, Bari, Adda Editore

Swahili. Ritratti africani, foreword by Lanfranco Colombo, Milan, Electa